化学工业出版社“十四五”普通高等教育规划教材

居住区景观设计实用教程

李晓君　仇同文　主编

化学工业出版社

·北京·

内容简介

《居住区景观设计实用教程》从理论概述入手，具体到居住区景观功能空间设计、居住区景观要素设计、居住区景观设计程序及方法、居住区景观设计案例几个方面展开编写，总结提炼居住区景观设计的关键问题与核心要素，从理论到实践、从整体到细节，层层推进。本书结合近年来居住区景观设计的新的发展方向以及新技术、新做法的具体实践与应用，同时结合思政知识点，选用中国传统美学与当今居住小区环境营造相结合的案例，宏扬中国传统设计美学。

本书可作为高等院校风景园林、园林、环境艺术设计、城乡规划专业教材，也可供从事居住区景观设计和管理工作的设计师及管理者参考。

图书在版编目（CIP）数据

居住区景观设计实用教程 / 李晓君，仇同文主编.
北京 ：化学工业出版社，2024. 9. -- ISBN 978-7-122-46262-6

Ⅰ. TU984.12

中国国家版本馆 CIP 数据核字第 20248KE905 号

责任编辑：尤彩霞　　文字编辑：王　硕
责任校对：王　静　　装帧设计：韩　飞

出版发行：化学工业出版社
（北京市东城区青年湖南街 13 号　邮政编码 100011）
印　　装：北京瑞禾彩色印刷有限公司
787mm×1092mm　1/16　印张 11¼　字数 287 千字
2025 年 1 月北京第 1 版第 1 次印刷

购书咨询：010-64518888　　售后服务：010-64518899
网　　址：http：//www.cip.com.cn
凡购买本书，如有缺损质量问题，本社销售中心负责调换。

定　　价：78.00 元

前　言

居住环境是城市空间环境的重要组成部分，其设计直接关系到人类健康、城市形象和可持续发展等一系列社会问题。近年来随着社会发展、人民生活水平的提高，居住区景观作为人居环境的重要组成部分，越来越受到人们的重视。现代居住区也不再局限于“住”的基本属性，而是更多地关注居住区外部环境——休闲、社交等公共生活空间，同时更加注重生活上的便捷、视觉上的愉悦以及对社区凝聚力、认同感和归属感等精神层面上的满足，这就对当前景观设计人才的培养提出了更高的要求。

编者从实践出发，注重理论的全面性、系统性，既有理论指导，又强调实践，既涉及工程技术要求，又有程序和方法的梳理，融入人文关怀，保持设计的前瞻性。本书从理论概述入手，具体到居住区景观功能空间设计、居住区景观要素设计、居住区景观设计程序及方法、居住区景观设计案例分析等几个方面展开编写。其中，功能空间设计作为本书的重点内容，根据《居住区环境景观设计导则》，结合当前社会对居住区关注的热点问题以及新的发展方向进行了进一步的细化，增加了居住人群需求分析、环境友好与智能化技术等内容，将人文关怀、绿色生态、信息与科技等内容融入其中。书中每部分都总结、提炼出关键问题与核心要素，结合近年来新技术、新做法的具体实践与应用，提高了实际设计的可操作性，从理论到实践、从整体到细节，层层推进。另外，相应章节结合思政知识点，选用中国传统美学与当今居住小区环境营造相结合的案例，强调文化自信、爱国情怀的设计过程。

全书由李晓君、仇同文主编，李王婷、刘燕、王昆、马云楚参编。

限于编者水平，书中不足之处在所难免，恳请广大读者不吝指正。

编者

2024 年 6 月于青岛

目　录

第1章 居住区景观设计概述

导言：在设计专业中，景观设计与规划设计密切相关。本章首先从规划角度出发，概述居住区概念、分级与用地组成等相关内容，进而讨论居住区环境的分类与构成，以及居住区景观设计的起源与发展，同时梳理了当前居住区景观的设计原则与各类风格，介绍相关标准规范，为后续学习打下基本理论基础。

1.1 居住区景观相关概念

1.1.1 居住区

城市居住区：一般称居住区，是城市的有机组成部分，是居民在城市中以群集聚居形成的规模不等的居住地段。

居住区泛指：不同人口规模的居住生活聚居地。

居住区特指：被城市干道或自然分界线所围合，并对应居住人口规模配套建设有一整套较完善的、能满足该区居民物质与文化生活所需的公共服务设施的居住生活聚居地。

1.1.1.1 居住区分级

居住区的规模一般以人口规模和用地规模来进行表述。其中，以人口规模为主要依据进行分级，分级的主要目的是配置满足不同居民基本的物质与文化生活所需的相关设施。现行国家标准《城市居住区规划设计标准》（GB 50180—2018）按照不同的人口规模将居住区划分为居住街坊、五分钟生活圈居住区、十分钟生活圈居住区、十五分钟生活圈居住区四个级别。

（1）居住街坊

居住街坊是由支路等城市道路或用地边界线围合的住宅用地，是住宅建筑组合形成的居住基本单元；居住人口规模在1000～3000人（300～1000套住宅，用地面积2～4hm^2）并配套建设有便民服务设施。

（2）五分钟生活圈居住区

五分钟生活圈居住区是以居民步行五分钟可满足其基本生活需求为原则划分的居住区范围；一般由支路及以上级城市道路或用地边界线所围合，居住人口规模为5000～12000人（1500～4000套住宅），配套社区服务设施。步行距离300m。

（3）十分钟生活圈居住区

十分钟生活圈居住区是以居民步行十分钟可满足其基本物质与文化生活需求为原则划分的居住区范围；一般由城市干路、支路或用地边界线所围合，居住人口规模为15000～25000人（5000～8000套住宅），配套设施齐全。步行距离500m。

（4）十五分钟生活圈居住区

十五分钟生活圈居住区是以居民步行十五分钟可满足其物质与文化生活需求为原则划分的居住区范围；一般由城市干路或用地边界线所围合，居住人口规模为50000～100000人

(17000～32000 套住宅)，配套设施完善。步行距离 800～1000m。

1.1.1.2 居住区的用地组成

居住区的用地根据不同的功能要求，通常由住宅用地、公共服务设施用地、道路用地与公共绿地等四大类构成。

① 住宅用地　指住宅建筑基底占有的用地及其四周的一些空地，其中包括通向住宅入口的小路、宅旁绿地和杂务院落等。

② 公共服务设施用地　指按居住区规模配建的各类公共服务设施建筑物基底占有的用地及其四周的专属用地，包括广场和绿化用地。

③ 道路用地　指居住区内各级道路的用地，包括道路、回车场和停车场用地。

④ 公共绿地　指居住区内的公共使用绿地，包括居住区公园、小游园、小面积的带状绿地，其中包括儿童游戏场地、青少年及老年人等的活动和休息场地。

1.1.2 居住区景观

景观是一个较为抽象的名词，它有不同的定义。我们一般可以将其理解为反映社会、文化、自然、经济、生态等各方面的要素在某一空间下形成的集合体或整体特征。

居住区景观是指在居住区总体规划的基础上，基于对自然和人文的认识，通过协调人与环境的关系，对居住区的自然生态系统、居民生活系统及包括住宅建筑在内的所有视觉对象进行总体布局与调和后所呈现的景观。

上文所阐述的居住区分级、居住区用地组成等内容都是规划宏观层面的划分，是居住区建设的基本依据；本书所探讨的居住区景观内容是在规划大框架下的具体设计。

1.2 居住区环境分类与构成

居住区景观设计的实质是对居住区户外空间环境的设计，因此我们首先要了解居住区环境的分类与构成。居住区环境按照不同标准可分为不同类型，最常见的是将其分为硬环境(物质空间环境)与软环境(非物质空间环境)两部分。

1.2.1 物质空间环境

物质空间环境指人们赖以生活并用以满足基本需求的环境，包括住房、广场、绿地、交通空间，以及商业、服务、文化设施等。良好的物质空间环境应具有很好的空气质量、充足的日照、宜人的水环境和绿地，以及完善便利的设施，能满足人们的生活需求。

物质空间环境具体分为以下几种：

① 住宅建筑与公用建筑　住宅建筑是指专供居住的房屋。公用建筑是指供人们进行各种公共活动的建筑。

② 市政公用设施　用于社区污水的排放、疏通、清淤；社区道路养护管理；社区设施的抢险、维修活动；广场等活动场地的管理；社区公用设施的综合管理；其他未列明的市政设施的管理。

③ 绿地及绿化种植　绿地及绿化种植是指以植物配置、宅旁绿地、隔离绿地、架空层绿地、平台绿地、屋顶绿地、古树名木保护等园艺类元素构筑的户外景观，相近于“软质景观”，即以植物配置与种植布局为主要内容的户外景观。

④ 庭院和场所　庭院和场所可以看成一系列的室外空间，包括入口空间、步行道空间、娱乐(活动)空间、休闲空间等。

⑤ 室外环境小品　主要包括环境中的建筑、雕塑小品以及休息设施、卫生设施、信息设施、照明设施、边界设施、排水设施等，它们是居住区整体环境营造不可或缺的重要组成部分，是方便居民日常生活与观景游赏的必备要素。

⑥ 大气环境　指生物赖以生存的空气的物理、化学和生物学特性。在居住区环境中表现为空气中有害气体和有害物质的浓度以及对居民的影响等。

⑦ 小气候环境　指居住区环境的气温、日照和通风等状况。

⑧ 声环境　居住区的声环境是指居住区内外各种声源产生的声音对居住者在生理上和心理上的影响，它直接关系到居民的生活、工作。在城市中，居住区的白天噪声允许值不宜大于 45dB，夜间噪声允许值不宜大于 40dB。在进行居住区声环境营造时可以通过设置隔音墙、人工筑坡、建筑屏障等手段减弱噪声。当然，声环境也包括一些优美的自然声，如林间鸟鸣、溪涧流水、田间蛙唱等都是现代都市难求的声音素材，可通过植物种植和水景造型来保护或模拟这些富有特色的自然声环境。

⑨ 视觉环境　视觉环境是居住区的重要内容之一，直接影响人们的心理感受。在居住区景观设计中，采用对景、衬景、框景等设置景观视廊的设计手法都会产生特殊的视觉效果。同时，多种色彩宜人、质感亲切的视觉景观元素通过合理搭配组合，也能达到动态观赏与静态观赏的双重效果，由此提升居住区的景观价值。

因此，物质空间环境不仅仅是居住区的建筑、绿化，还包括围墙、大门、活动设施，以及各种指示标牌、水景、雕塑、灯光设施、音响设施、小气候等，而这些内容又必须与住宅建筑形成一个有机的联合体。

1.2.2　非物质空间环境

非物质空间环境即软环境，也指人居社会环境，反映在精神、信息和心理归属等几个方面。

精神空间属于人的高级空间领域。人们既需要令人安宁、愉悦的物质空间环境，也需要多彩的文化和艺术等精神空间环境。居住区的物质空间是精神空间的载体，因此，要在景观设计中注入优秀的思想、文化、艺术，使其具有丰富的内涵，从而形成丰富的精神空间，既引发人的思索、探求，又能使人陶冶性情，给人以享受。

信息空间是现代人和社会交往并进行文化交流的重要空间，它能够拉近世界的距离。通信技术、网络是其必不可少的科技条件。

心理空间是建立在人们对家的认知上的，家是人们生理和心理两方面的庇护所。现在不少小区塑造社区认同感，打造主题家园，都是从这一点出发的。

1.2.3　居住区环境的构成要素

居住区环境的构成要素可分为自然要素、人工要素以及社会要素。

(1) 自然要素

自然要素构成居住区的原生景观，赋予居住区最基本的特色。自然要素包括地形地貌，如山岳、江河湖海、树木、绿地等；影响居住区景观的还有时间（春夏秋冬、早中晚夜）、天象（日出日落、雨雪雾霭）、水文等自然要素，由此而形成了居住区的冬景、夏景、雨景、雪景、夜景等变化。

(2) 人工要素

人工要素指各类建筑物、构筑物（景观小品等）、道路、桥梁、街市、广场，以及依附于其中的环境设施，如座椅、花坛、喷泉、广告标识等。人工要素构成居住区的次生景观，是居住区景观的主要构成元素。

（3）社会要素

人以其特征和行为活动创造了社会环境。人的特征主要指人的民族、年龄、性别、身高、肤色、服饰等方面的个性，而人的行为活动主要指人的个体行为和群体社会活动。人类因其特征和行为活动而具有社会性，并与社会环境形成强烈的复合性。居住空间是人们生活的空间，在这里表现出居民的生活习俗、精神风貌。人的行为活动可分为实用活动与休闲活动两大类，前者包括各种体力与脑力活动，后者如散步、聊天、下棋、晨练等。这些日常的活动构成城市中变化、生动的景观基调，而节日庆典中的各种活动则构成居住区的特色景观。

1.3 居住区景观设计的起源与发展

1.3.1 西方居住区景观设计起源与发展概况

西方居住区景观设计起源于古埃及、古巴比伦、古罗马等地区王公贵族的庭园，即富人住宅的庭园设计；到了中世纪，西欧地区的庭园均表现出精致的人工艺术；16 世纪是意大利庭园设计的黄金时期。

（1）17 世纪后期

这一时期受到巴洛克风格及洛可可风格的潮流影响，许多庭园设计引入了大量的装饰和人工雕刻，并且花费了大量的人力与物力堆砌出皇家的豪气。其中，法国凡尔赛宫花园最具代表性，它是西方住宅区景观设计潮流发生变化的分水岭。

（2）18 世纪后

这一时期，西方景观设计受中国景观设计的影响相当深远。英国、法国、意大利等都仿照中国园林设计的手法，其中英国的皇家植物园是最具代表性的设计。中国园林景观的自然布局手法，给西方园林景观设计带来了革命性的改变，而且强调景观的设计要由山水画家和园艺家共同完成。近代欧洲的居住区环境景观设计开始逐步走向自然化与生活化，并朝整体公园系统规划的方向努力。

（3）近代西方居住区环境景观设计的理念

20 世纪初期，居住区的景观设计受到美国的影响，除了仍然强调自然造景的精神外，还纳入了很多生态学的理论，同时更加注重整体环境资源的合理利用和保护。美国的弗雷德里克·劳·奥姆斯特德（Frederick Law Olmsted，1822—1903）是最具开创性的景观建筑师，为现代居住区环境景观的规划设计观念奠定了重要的基础。

其后，美国的查尔斯·埃里奥特（Charles Eliot，1859—1897）与奥姆斯特德倡导大面积的园林系统建设。这一思想影响了美国国家公园、州立公园及森林公园的发展方向，更开拓了住宅区环境景观设计的领域。今天，住宅区环境景观设计行业的发展受全球能源节约、资源保护及各种社会经济发展因素的影响，在设计、规划、材料的应用上都更趋向遵循保护与合理利用的原则，强调使用原生植物，强调任何设计建设均必须考虑对整体生态系统和环境的影响。

1.3.2 我国居住区景观设计的发展

新中国成立以来，我国受经济体制、生活方式、审美、技术的影响，各方面都经历了重大的变化，居住区景观的发展更是日新月异。随着室内居住空间的逐渐完善，人们开始更加关注居住区的外部环境，居住区景观设计发展、成熟的过程非常迅速。居民住宅的房地产化，不仅促进了房地产行业的发展，也带动了居民住宅区园林景观设计的发展。我国居住区景观设计的整个发展过程，是一个由生存向生活再向文化的转变，是一种从形式到意境的升华的过程，是中华文明在经历大变革之后的沉淀，在追求现代化的同时发扬中国的本土文化。

如表 1-3-1 所示，我国居住区景观发展可以分为以下四个阶段。

表 1-3-1 我国居住区景观规划设计发展历史统计简表

发展阶段	居住区环境特点	典型案例
启蒙阶段 （20 世纪 50 年代至 70 年代）	参照苏联居住环境模式，形成“居住区—居住小区—组团”分级规划结构； 建筑多采用封闭式行列布局； 无景观设计概念，居住区环境设计以“绿化＋小品”为主	北京百万庄、上海曹杨新村
起步阶段 （20 世纪 80 年代）	发展为“居住区—居住小区—组团—院落”分级规划结构 建筑多采用传统行列式布局，高层较少； 住宅规划受计划经济影响，多为单位大院，商品房少； 受住房制度改革影响，开始关注居住区景观环境质量，以“绿化＋小品＋活动场地”为主	万科怡景花园、南京莫愁新寓
发展阶段 （20 世纪 90 年代）	规划突破行列式的束缚，追求庭院空间形态的丰富，趋向于向自由式布局发展； 建筑风格多样，高层较多； 人车分流等概念引入居住区规划； 重视景观设计，重观赏，轻实用	中海华庭、万科城市花园
成熟阶段 （21 世纪）	注重整体策划，主题贯穿始终，规划、建筑、景观多学科交叉配合； 建筑风格服务于主题，多元化发展； 景观注重烘托主题情境，风格倾向实用、健康、休闲，全方位、立体化发展	万科金城蓝湾、广州番禺星河湾

资料来源：费卫东．居住区景观规划设计的发展演变［J］．华中建筑，2010，8：28-32.

（1）启蒙阶段

我国现代居住区景观风格设计启蒙于 20 世纪 50～70 年代，居住区景观风格设计主要从邻里单位概念出发，以提供独立、安全和安宁的环境为基本理念，以城市主干道为界，以住宅为主，强调运用封闭式布局提供足够的集体空间。当时尚未有景观住宅设计的理念，主要以环境绿化布置为主，强调居住区公园设计风格的主体特征。绿化、小品成为这一时期景观风格布置的基本特点，不仅植物种植类型相对单一，而且空间层次感较弱，同时缺少题材丰富的雕塑作品，区域间的类型大体相同，景观的可识别性与标志性较差。

（2）起步阶段

我国居住区景观风格在 20 世纪 80 年代呈现出多样化的典型特征，特别是随着我国大量居住区的兴建，城市居住区规模不断扩大，居住区景观风格主要采用统一规划与统一设计的方式呈现。这一时期开始出现庭院设计的基本概念，虽仍以绿化为主，但开始关注居住区的活动空间，不过还停留于种草、植树阶段，在居住区可以看到一定的绿化、小品内容。

（3）发展阶段

随着我国 20 世纪 90 年代房地产市场的开发，居住区的现代概念得到广泛响应，强调追求庭院的丰富性。这一时期的景观设计还没能实现观赏与实用功能并重，存在一定的重观赏、轻实用问题。但是在私密空间与公共空间的有机融合下，庭院的形态更加丰富，实现了室内室外景观的相互渗透，体现出精雕细琢的特质，但是户外空间难以利用，绿地空间多为点缀。

（4）成熟阶段

我国自21世纪初以来一直强调绿化、共享理念，在有效保护环境理念的影响下，更注重能源、环境与卫生的协调性，因此，居住区景观风格设计更加追求生态性与舒适性，强调景观住宅由传统向现代转变。绿化、节能、智能已成为现代景观风格设计的理念。在我国绿色小区理念的影响下，更注重把天然自然景观引入到小区景观体系中，着力从地区特征出发，在不改变地域地貌特征的基础上，强化景观风格设计特征。同时，最大限度挖掘主题文化的价值，运用小区立体式绿化设计，着力实现物质环境与人文环境的协调，实现现代景观文化与传统文化的统一，并且体现出地域特色文化内容。

1.3.3 现代居住区景观设计发展趋势

随着城市化推进和科技进步，人们生活方式发生了很大的改变，生态意识增强，对居住空间和环境景观提出了较高的要求。现代居住区景观设计越来越强调对可持续性、绿色设计、社区参与、智能化、历史文脉等方面的关注。

① 可持续性和绿色设计　现代居住区景观设计越来越注重环境可持续性和绿色设计。这包括利用本地植物、建设节水灌溉系统、进行雨水收集和利用可再生能源等，以最大限度地减少对环境的影响，并为居民创造一个健康、可持续的生活环境。

② 社区参与和人性化设计　现代居住区景观设计鼓励社区参与，鼓励居民参与设计过程。设计师将更多关注居民的需求和喜好，提供开放空间、社交区域、娱乐设施等，促进社区凝聚力提升和社交互动。

③ 多元化趋势　居住区景观设计开始向多元化发展。在设计中对居民生活的便利性、环保性以及舒适性都更加关注，力求其设施实用的同时又要美观，尽可能创造天然、舒服、亲切、宜人的居住区环境空间，实现人与自然的完美融合。

④ 技术整合和智能化　随着科技的快速发展，现代居住区景观设计正在整合各种技术元素，实现智能化管理，提升居住体验。例如，智能照明、安全监控、智能排水系统等，为居民提供更方便、安全和舒适的生活环境。

⑤ 历史文脉及其延续性　现今人们主要的活动空间就是居住区，居住区也成为历史文化的凝聚地与承载点。设计师们已经认识到历史文化的延续性在居住区中起到的重要作用，着力对地域环境、地方建筑风格和当地传统文化进行再现、提炼和发扬。

随着中华民族全面复兴，中国传统文化亦逐步被重视，人们渴望从传统审美意境中寻求归属感、舒适感和亲切感，因而以演绎中国传统文化意境、探索中国当代文化为特色的新中式居住区成为新的发展趋势。通过对中国传统文化的认识，以现代人的审美需求打造富有中国传统韵味的居住区景观，将现代元素和传统元素结合在一起，突出写意的中国特色与气质，使其呈现出高雅敦厚的古典韵味、飘逸含蓄的秀美、纯朴简洁的现代风情，让传统艺术、中式美学在当今居住区景观中得到合适的体现。这些发展趋势体现了中国的文化自信，以及对中国传统文化传承与创新的追求。

1.4 居住区景观设计原则

（1）以人为本原则

以人为本原则是居住区景观设计的基本原则。人是居住区的主体，人的习惯、行为、性格、偏好等决定了对景观环境空间的选择。要将“以人文本”贯穿于景观设计中，追求环境的舒适性和多样性，满足人们不断提高的物质和精神生活需求，以及社会关系与社会心理方面的需求。

（2）地域性原则

居住区景观应体现所在地域的自然环境特征，因地制宜地创造出具有时代特点和地域特征的空间环境，避免盲目移植；同时应尊重本土历史文化，保护和利用历史性景观。对于历史保护地区的居住区景观设计，更要注重整体的协调统一，做到保留在先，改造在后。

（3）生态性原则

应尽量保持现存的良好生态环境，改善原有的不良生态环境。提倡将先进的生态技术运用到环境景观的塑造中去，以实现社会的可持续发展。

（4）经济性原则

以建设节约型社会为目标，顺应市场发展需求及地方经济状况，注重节能、节水、节材，注重合理使用土地资源，并尽可能采用新技术、新材料、新设备，达到优良的性价比。

（5）艺术性原则

居住环境的景观设计，应注重自然美、形式美、意境美等多个审美层次，展现艺术效果，使人在其中获得精神的愉悦与心灵的享受。

1.5 居住区景观风格

目前，居住区景观设计者大多依据建筑风格对室外景观进行设计。国内各地居住区景观设计常采用的风格形式，从大的方面划分主要有五大类，即中式风格、欧式风格、日式风格、东南亚风格和现代风格。其中，欧式风格包含欧洲各国的不同风格，所以派系比较复杂。从国内各地常采取的风格形式不难看出：以不同的景观理解，体现与人居、自然环境的融合，是当今各种风格设计的主导原则。

1.5.1 中式风格

（1）传统中式风格

传统中式风格是指以中国传统建筑与古典园林为“摹本”的风格形式。中国古典园林追求自然、意境、含蓄，以人工手段效仿自然，其中体现着不同历史时期的人文思想。中国古典园林艺术源远流长，在历史上形成了北方园林、江南园林、岭南园林等多个流派，技艺精湛，内涵丰厚，是传统中式景观的主要范本。现代居住区景观的本土地域化设计离不开民族的文化背景，因此对于传统园林艺术的继承和发扬，是居住区景观设计尊重传统文化、体现地域特点的必要途径。

（2）新中式风格

新中式风格是指以中国传统建筑与园林形式为基础，融入现代主义设计语汇而形成的新的风格形式（图 1-5-1），是传统中国文化与现代时尚元素的邂逅。它既是现代的，也是传统的，是以现代人的审美需求来打造的富有传统韵味的景观。它是在欧美风盛行的当下，通过反思民居文化的历史，关注民居文化的现在和未来所作出的大胆尝试。新中式风格居住区景观具有以下特征：

① 造园手法　新中式景观设计风格传承了我国传统园林的造园艺术手法，如障景、借景、植物造景、漏景、前景、对景等造园手法，糅合现代空间的设计语言，为现代景观空间注入古典韵味，使之符合现代人生活习惯与审美情趣，营造“清、秀、雅”意境。

② 文化符号　新中式园林设计风格在结合传统与现代设计时，广泛采纳了传统文化符号，如朱雀、玄武、青龙、白虎、山水画卷、剪纸、梅兰竹菊、荷花、牡丹等作为核心元素。这些文化符号不仅仅是简单的图形或形状，它们承载着几千年的历史与文化信息，反映了中华民族的精神和情感。通过对这些符号进行提炼与抽象处理，使其更具有现代感，同时保留了其深厚的传统意蕴，实现了对传统文化的传承与发展。

③ 色彩搭配　更多使用我国传统民居色彩“黑、白、灰”，展现东方独有的气质和神韵。

④ 植物配置　我国古典园林植物配置与空间营造讲究变化多样，新中式景观设计风格在继承中简化，力求简洁，植物多以自然型和修剪整形为主，注重讲究古典美的意境。

图 1-5-1　新中式风格

1.5.2　欧式风格

欧式风格是欧洲各国的不同风格的总称。欧洲大陆从古典主义时期到文艺复兴时期，直至现代主义与后现代主义时期，由于各区域所处地理位置、民族文化传统等的不同，产生了多种景观设计风格形式。

在我国居住区开发的早期，曾出现过简单照搬与粗糙效仿欧洲古典风格的现象。而如今对于风格形式的运用已大为不同，开始注重与当地气候、地形等自然条件的融合，考虑生态因素、居住区环境的品质等，对于各种风格的理解也更为深刻。这里具体介绍目前国内常常采取的几种欧式风格：

（1）北欧风格

北欧风格的居住区景观设计通常注重简洁、自然和功能性（图 1-5-2）。以下是北欧风格常见的特点：

① 自然元素　北欧地区以其美丽的自然风光而闻名，因此在居住区的景观设计中，强调自然元素，利用大片的花园和植物等绿化来营造自然的氛围。

② 简约设计　北欧风格注重简约、清新的设计。选择简洁而现代的户外家具、装饰品和灯具，避免过于复杂或过度装饰的元素。

③ 中性色调　北欧风格通常使用中性色调，如白色、灰色和木质色调。这些色彩能够

为居住区带来明亮、清爽的感觉，并与自然环境相融合。

④ 室外照明　由于北欧地区冬季较长，室外照明对于创造温暖和舒适的氛围非常重要。选择柔和的照明方案，如使用灯笼、壁灯和路灯，以在提供足够的照明的同时营造出温馨的氛围。

⑤ 水景设计　水景元素如小型喷泉、池塘或小溪流可以为居住区增添活力和宁静感。同时，水景也能够吸引鸟类和其他野生动物，增加生态多样性。

⑥ 功能性布局　北欧风格注重功能性和实用性，因此在居住区的景观设计中，要考虑到不同居民的需求。创建开放而舒适的公共空间，包括步行道、休闲区和儿童游乐区等，以满足居民的各种需要。

⑦ 可持续性考虑　北欧地区对于可持续性非常重视。在景观设计中，可以考虑使用环保材料、节水系统和植物，以减少对环境的影响。

图 1-5-2　北欧风格

（2）简欧风格

简欧风格的居住区景观设计融合了简约和欧式元素，注重精致、优雅和舒适（图 1-5-3）。简要总结一下简欧风格的一些常见特点如下：

① 花园设计　简欧风格的花园通常采用整齐、对称的布局。一般利用修剪整齐的草坪、盆栽植物和花坛来营造清爽而有序的氛围。

② 材料选择　在简欧风格的居住区景观设计中，常使用优质的材料，如石（砖）材和木材。这些材料赋予空间质感，同时也能够与建筑物的风格相协调。

③ 装饰性元素　简欧风格强调装饰性元素的细节和精致度。通过添加雕塑、喷泉、庭院家具等装饰品，增添居住区的雅致和个性。

④ 颜色搭配　简欧风格常使用柔和、淡雅的颜色，如米白色、淡粉色、淡蓝色等。这些颜色给人温暖、宁静的感觉，并与自然环境相融合。

⑤ 路径设计　在居住区的景观设计中，通常考虑铺设石子小径或砖石路径。这些路径不仅实用，还能够增加空间的美感和连贯性。

⑥ 绿化植物　简欧风格注重自然元素的运用，因此在居住区的景观设计中，多使用绿化植物来增添生机和清新感。选择适合当地气候条件的植物，如常绿树木、灌木和花卉。

⑦ 室外家具　简欧风格的室外家具通常采用铁艺家具或托斯卡纳风格的木制家具。这些家具能够为居住区提供舒适的休闲空间，并与整体风格相呼应。

图 1-5-3　简欧风格

（3）传统欧式风格

传统欧式风格的居住区景观设计注重浪漫、优雅和古典的氛围（图 1-5-4）。传统欧式风格的常见特点如下：

① 花园设计　传统欧式风格的花园通常充满了丰富的花卉等植物。常使用花坛、盆栽植物、攀爬植物和花草组合，打造出色彩斑斓、多层次的花园景观。

② 对称布局　传统欧式风格强调对称和平衡的布局。可以通过中央轴线、对称形状的花坛、水池以及修剪整齐的灌木来营造对称感，并创造出宫廷般的氛围。

③ 古典元素　传统欧式风格借鉴了古希腊和古罗马建筑的元素，如柱廊、雕塑、喷泉和拱门等。这些元素可以用于装饰花园的入口、露台区域或中央广场，增添古典和豪华的氛围。

④ 材料选择　在传统欧式风格的居住区景观设计中，常使用大理石和砖瓦等传统材料。这些材料赋予空间稳重感和质感，并与欧式建筑的风格相协调。

⑤ 色彩搭配　传统欧式风格通常采用暖色调、中性色调和金色调，如米黄色、浅蓝色、淡绿色和古铜色。

⑥ 弯曲路径　在居住区的景观设计中，通常考虑使用弯曲的小径或曲线形状的步行道来增添流畅感和浪漫氛围。可以沿途设置花坛、雕塑或座椅，使路径更加吸引人。

⑦ 阳台和露台设计　传统欧式风格注重户外休闲空间的舒适性和美感。通过添加铁艺家具、帆布遮阳伞、花盆和装饰品，打造雅致的阳台和露台区域，供居民放松和欣赏花园景观。

图 1-5-4　传统欧式风格

1.5.3 日式风格

日式的建筑风格在国内使用较少，但日式园林作为局部景观却常被采纳。日式园林素材质朴、占地较少，布置材料如石灯笼、砾石等价格不贵、容易购买，且在造景时，可以进行适当的抽象和简化。日式园林重在用抽象的手法表达玄妙深邃的哲理，在居住区角落布局也别有一番情致（图 1-5-5）。常见的日式风格在居住区景观设计中的要点如下：

① 庭院设计　传统的日本庭院通常采用砾石、沙子和苔藓来营造自然的氛围。设计中注重平衡和对称，通常会有一个中心元素，如石井或小池塘，并围绕着它布置花木。

② 植物选择　在日式风格设计中，常使用具有简约美感的植物。常见的选择包括竹子、梅花、樱花、松树等。

图 1-5-5　日式风格

③ 水元素　水在日本文化中被视为净化和平静的象征。因此，在日式风格的景观设计中，经常会看到小型的水池、溪流或瀑布。这些水元素不仅增添了景观的美感，还带来了声音和动态效果。

④ 路径和桥梁　为了创造平衡和流动感，日式风格的居住区景观设计中会使用石子或木板铺设的小径。同时，小桥也是常见的设计元素，用于连接不同的景点，并增添趣味和美感。

⑤ 石头　日式风格强调自然材料的使用，因此石头在景观设计中扮演重要角色。它们被用来营造自然山水的感觉，并用于建造花坛、石阶和围墙等结构。

⑥ 空间规划　日式风格注重空间的留白和平衡。设计师通常会在庭院中留出一些空地，用于放置简洁的家具或作为供人休息的场所。同时，通过巧妙的布局和屏风的运用，创造出私密而舒适的空间。

总体而言，日式风格的居住区景观设计追求自然、简约和平衡的美感，通过合理的植物选择、水元素的运用以及石头的布置，营造出令人心旷神怡的环境。

1.5.4　东南亚风格

东南亚地区共有 11 个国家：越南、老挝、柬埔寨、缅甸、泰国、马来西亚、新加坡、印度尼西亚、菲律宾、文莱和东帝汶。其中除了个别国家不临海之外，多数国家都有着长长的海岸线。东南亚风格是一种以该地区浓厚的热带地域风格及文化风情为基础发展而来的风格形式。东南亚地区受气候与海洋环境调节的影响，植物资源十分丰富，加之岛屿众多，以及多种文化的吸引力，成为世界闻名的度假胜地。东南亚风格正是提炼与发展了这些地区的优势，表现出自然、质朴、休闲的热带假日趣味与独特的地域风情。东南亚风格的居住区景观因受到气候条件限制，不太适合我国北方地区，相对而言比较适用于我国南方，尤其是沿海城市。

东南亚风格继承了自然、健康和休闲的特质，其景观设计从空间打造到细节装饰，都体现出对自然的尊重和对手工艺的崇尚。其中，景观材料多选用原木、青石板、鹅卵石、麻石等天然材料；由于东南亚水资源丰富，因此水景的营造多成为景观主题，采用水渠、水池、涌泉、瀑布等多种形式，给人以湿漉漉的观感；在配置植物时注重群落组织，形成层次搭配，多选用棕榈、椰子、苏铁、龟背竹等适于热带、亚热带地区生长的植物；景观小品设计效仿东南亚本土建筑与手工制品的特点，营造异域风情（图 1-5-6）。

图 1-5-6　东南亚风格

1.5.5　现代简约风格

现代简约风格是基于“包豪斯”学派的设计理念发展而来的。其特点为注重空间关系、逻辑秩序，运用点、线、面要素以及基本几何图形的扩展来组织形式语言，给人以简单利落、层次分明的感受。现代简约风格的形式语言法则注重对称与均衡、对比与统一、韵律与节奏等，已成为当今设计的形式法则基础，广泛用于设计的各个领域。

现代简约风格的居住区景观设计，以道路、绿化、水体等为基本构图要素，进行点、线条、块面的组织，强调序列与几何形式感，简练规整、装饰单纯，主要通过质地、光影、色彩、结构的表达给人以强烈的导向性与空间领域感。

简洁和实用是现代简约风格的基本特点。简约的设计手法就是要求用简要概括的手法，突出景观的本质特征，减少不必要的装饰和拖泥带水的表达方式。其主要表现在以下方面：一是设计方法的简约，要求对场地进行认真研究，以最小的改变取得最大的成效；二是表现手法的简约，要求简明和概括，以最少的景物表现最主要的景观特征；三是设计目标的简约，要求充分了解并顺应场地的文脉、肌理、特性，尽量减少对原有景观的人为干扰（图 1-5-7）。

图 1-5-7　现代简约风格

综上所述，各个风格流派具备各自的特点，这是适应当今社会需求与审美多元现状的体现。在这个多元化时期，各种风格及其发展演变层出不穷，在具体景观设计运用中，风格之间也常常相互结合，产生出有趣的变化效果。但须认识到，无论风格如何多变，只是外在表现形式的变化，而适应社会发展、人居需求，遵循生态可持续原则才是居住区景观设计的内在要求与发展趋势。

1.6　相关标准规范

国家及地方有关部门为规范园林景观规划设计，制定了相关的法规，在进行居住区景观规划设计时须遵照执行。另外，相关部门还制定有园林景观设计的标准图集，在进行居住区景观规划设计时可以借鉴与参考。

1.6.1 《城市居住区规划设计标准》(GB 50180—2018)

《城市居住区规划设计标准》为国家标准，编号为GB 50180—2018，自2018年12月1日起实施。其中，第3.0.2、4.0.2、4.0.3、4.0.4、4.0.7、4.0.9条为强制性条文，必须严格执行。原国家标准《城市居住区规划设计规范》GB 50180—93同时废止。

该标准的主要技术内容是：①总则；②术语；③基本规定；④用地与建筑；⑤配套设施；⑥道路；⑦居住环境。

修订的主要内容是：

① 适用范围从居住区的规划设计扩展至城市规划的编制以及城市居住区的规划设计。

② 调整居住区分级控制方式与规模，统筹、整合、细化了居住区用地与建筑相关控制指标；优化了配套设施和公共绿地的控制指标和设置规定。

③ 与现行相关国家标准、行业标准、建设标准进行对接与协调；删除了工程管线综合及竖向设计的有关技术内容；简化了术语概念。

1.6.2 《居住区环境景观设计导则》

《居住区环境景观设计导则》(以下简称《导则》)旨在指导设计单位和开发单位的技术人员正确掌握居住区环境景观设计的理念、原则和方法。《导则》对居住区环境设计的原则、居住区环境营造内容、景观设计分类等进行了明确的界定，并详细规定了各景观设计元素的设计要求、方法。

《导则》共分13部分，分别是：总则、住区环境的综合营造、景观设计分类、绿化种植景观、道路景观、场所景观、硬质景观、水景景观、庇护性景观、模拟化景观、高视点景观、照明景观、景观绿化种植物分类选用表。在总则部分，《导则》提出了居住区环境景观设计的五项基本原则，即社会性原则、经济性原则、生态原则、地域性原则和历史性原则；在住区环境的综合营造部分，对居住区环境进行了分类，并逐一介绍了营造方法和要求；在景观设计分类部分，针对居住区景观设计进行了归纳分类，分为绿化种植景观、道路景观、场所景观、硬质景观、水景景观、庇护性景观、模拟化景观、高视点景观、照明景观九大类，并在接下来的几部分中对这九大类景观的设计规范及要求进行了详细的规定；在最后一部分，总结了常用的居住区绿化植物。

《导则》没有拘泥于狭义的“园林绿化”概念，而是以景观来塑造人的交往空间形态，突出了“场所+景观”的设计原则，具有概念明确、简练实用的特点，有助于工程技术人员对居住区环境景观的总体把握和判断。

第2章 居住区景观功能空间设计

导言：居住区景观功能空间是指在居住区内为居民提供各种功能和服务的场所和区域空间，包括居住区出入口、中心区景观轴线、儿童活动空间、老年人活动空间、居住区运动空间、组团绿地与宅间绿地、单元入户空间、宠物乐园等。这些功能空间旨在满足居民的日常需求，提供舒适、便利和美化的环境。诸多功能空间组成居住区大环境，良好的功能空间能够给居民带来良好的环境体验。

2.1 居住区人群需求分析

居住区景观的服务对象是居住于其中的住户，在设计时应以住户的需求为先，切实做到以人为本，使有限空间中的景观设计更加人性化。居住区人群的需求分析应从人群心理需求、活动需求以及特殊人群需求等多方面综合考虑。

2.1.1 居住区人群心理需求

满足居民的心理需求可以提升幸福感和生活质量，增强居住区的宜居性和社区凝聚力。根据马斯洛的需求层次理论，人们在同一地方长期生存或居住的情况下，自身将会对所居住的空间环境产生安全、健康、社交、隐私等需求，将其与居住区环境相结合，可综合归类为领域性需求、参与性需求、归属感需求。在居住区景观设计的过程中，注重考虑居民心理需求，是创造满足居民多样化需求的宜居环境的前提。

2.1.1.1 领域性需求

领域性是指个人或群体为满足某种需求而对于特定的空间及其所有物进行占有或控制。这一名词源于生物学，原指动物用不同方法标定和保护自己生存空间的现象，是动物竞争资源的方式之一。在环境心理学中认为领域性需求是要求占有与控制一定的空间范围，即个人或群体要求不受干扰、不妨碍自己或群体的独处与私密性。领域性概念涉及实质空间、占有权、排他性使用、标记、个人化和认同感等。居民在居住环境心理需求方面所表现出的领域性具有变化性、控制性、排他性等主要特征。

（1）变化性

个人或者群体对于空间的领域感具备一定的变化性，其大小可随着时间以及生态条件的变化而有所调整。例如，居民在初入一个居住空间时，实际意义上的领域感是从自己所居住的单元到居住组团再到居住小区，随着居民入住时间的增加以及居民对周围环境的熟悉程度提升而慢慢往外加强的。

（2）控制性

领域感具有很强的控制性。例如，居民入住居住区以后，他们会在心理上把居住区的场所、景观、各项设施等看作自己所控制的物质，既有使用的权力，同时也有维护的义务。

（3）排他性

领域是排他性的，即它是被一个或多个个体所独占的。例如，居住区内的组团、道路，既是居民活动的空间，也是公共交通空间，在设计中应当有限定的措施，避免其他车辆做经常性的穿行，破坏组团的领域感。

居住区的户外领域空间是指住宅楼外居民在感觉上认为是个体独属的空间。这种领域空间大致有以下三个层次，居民在这三个层次的空间都有不同的活动。

① 第一层次是一户或几户居民专有的领域，如阳台、楼前小院等。

② 第二层次是居民的家居生活进一步向外延伸的空间，如住宅楼前或楼间的外部空间（图 2-1-1）。

③ 第三层次是离住宅楼有一定距离，但仍属于该组团的领域空间，如组团绿地（图 2-1-2）。

图 2-1-1　住宅楼前

图 2-1-2　组团绿地

领域性需求是人类对于生活空间的心理需求之一。居住区的领域空间对居民来说具有重要意义，关系到居民的安全感，因此在设计中，需关注居住环境对人的心理影响以及人的心理需求对居住环境提出的要求，进而调整、改善居住环境的质与量。

2.1.1.2　参与性需求

参与性需求是指居民在居住环境中，希望能够在居住区空间内积极活动和社交的心理需求。居民希望居住区景观空间不仅是一个静态的公共空间，更能够成为促进居民活动和社交的场所。在居住区中，人们渴望拥有主动参与的感受，通过普遍的活动形式来促进邻里间的相互往来，形成和谐融洽的邻里关系。因此，居住区景观设计需从人的使用角度出发，满足参与性需求。例如，在室外景观空间中提供合宜的场地用于居民休憩交流、邻里交往、举办社交活动、健身娱乐等。居民对于居住区景观参与性的需求主要包括以下几个方面：

（1）参与景观设计和规划

居民可以通过共同提出建议和意见的方式，参与到对公共空间、公园、绿地、步行道等规划和设计的过程中。设计方也应当考虑居民的喜好和需求，用调查问卷的方式将其意见纳入设计。

（2）参与景观改造和维护

居民可以通过志愿活动、居民委员会、社区团体等形式参与到对公共设施、园林绿化、道路绿化等景观的改造、维护和保养的过程中。

（3）参与社交

居住区应提供社交的环境，例如公园、广场、花园等，能够促进居民的相遇、交流，增强社区凝聚力，促进邻里关系的发展。

（4）参与景观互动

在居住区景观中设置各种互动设施，利用智能化科技等手段，例如智能化健身器材、儿童游乐设施、户外休闲区等（图 2-1-3），使居民能够更加方便、快捷地融入居住区景观空间，实现景观与居民之间的互动。

2.1.1.3 归属感需求

居住区归属感，是指居民对其生活居住区的认同、喜爱及依恋等心理感受。人们生活在各自的居住环境中，与其他人结合成多种社会关系，人们会对自己生活的居住区产生特殊的感情——归属感。具有强烈归属感的小区，能够让居民感到舒适、安全，能够建立良好的社区关系和社区文化，提高居民的生活满意度和幸福感，使居民更加愿意维护和改善居住环境，促进社区的发展和稳定。增强居民归属感可以从以下几个方面入手：

图 2-1-3 居住区智能化健身设施

（1）舒适感

舒适感是指居民对居住环境的舒适程度和满意度的体验，而舒适、自在、愉悦的体验能够使人从心理上对环境产生归属感。

① 整洁和卫生的环境　保持居住区的环境整洁和卫生，是提高居民舒适感的重要方式。小区应该定期进行环境清理和维护。

② 舒适的公共设施　公共设施的舒适度是影响居民舒适感的重要因素。小区应当尽可能提供舒适的公共设施，例如休息坐凳、儿童游乐设施、健身设施等（图 2-1-4）。

图 2-1-4 休息坐凳、儿童游乐设施、健身设施

（2）识别感

识别感是指居民对小区的辨识度。一个识别感强的居住区环境，能够让居民感到自豪、产生归属感。提升识别感需要从以下两个方面入手：

① 建筑风格　小区的建筑风格应该有特色，容易辨识。

② 绿化景观　小区的绿化景观体现地域性。例如，在居住区绿化设计中，可以根据当地的气候和土壤条件选择合适的本地植物，打造具有当地特色的景观，提高居民的归属感。

（3）安全感

安全感是指居民对居住区环境安全的感觉和信任度，它也是促进居民产生归属感的一个重要方面。设计中注重景观空间安全尺度，主要包括：

① 街道和人行道宽度　街道和人行道的宽度应足够宽以容纳行人、自行车和汽车，并且应有足够的空间方便行人避让。

② 街道照明　为增加夜间行走的安全性，需要在街道设置合适的照明设施。

③ 公共空间视线　对于公共空间中的建筑、树木等景观元素应当考虑到其对周边环境视线的影响。

④ 安全出入口　居住区的出入口应当设置在交通便利、视野开阔、治安较好的地方，同时要保证出入口的畅通和安全。

（4）交流感

交流感是指居民之间交流沟通和互动的感觉和体验。社区参与和互动也可提升居民归属感。有着丰富社区活动和互动的社区，居民会更容易对其产生认同和归属感。因此，在居住区景观设计中，可以在公共空间中设置各类社区活动中心、社区广场、社区图书馆等，增加促进居民交流的场所功能。

2.1.2　居住区人群活动需求

不同人群在居住区环境中的活动需求和活动类型不尽相同，但依据社区居民的生活需求及其活动动机，可以将活动归为三类——必要性活动、自发性活动和社会性活动。

（1）必要性活动

必要性活动是居住区居民因为生存、生活以及发展的需要而在学习、生活中必须进行的行为活动，例如回家、通勤、上下学、购物、停取车等。对这类必然会发生和进行的活动，居民一般很少有选择的余地，其活动次数、活动时间等几乎不受外界环境的影响，但空间设计的合理性以及空间布局实用性却会影响必要性活动的方便、舒适、安全与否。

（2）自发性活动

自发性活动是人们受到外界环境的吸引而发生的行为活动，是自身进行的活动，与其他行为主体无关。自发性活动与必要性活动是完全不同的，它与环境质量密切相关，只有在居民愿意参与的情况下，同时在时间、地点、气候等户外条件比较适宜的情况之下才会发生，例如晨练、散步、晒太阳等。当户外环境质量比较高时居民就会增加自发性活动次数，延长活动时间，反之则会减少甚至取消自发性活动。

（3）社会性活动

社会性活动指居民在居住区空间中依赖他人而参与的多人交互行为活动。社会性活动是人群之间发生的活动行为，具有社会交往属性，一般情况下由居民主动进行且自由选择，例如见面聊天、儿童游戏、跳舞、下棋等各种各样的社会公共活动。

社会性活动可以加强居民之间的交流，增进居民间的感情，有利于居民的心理以及生理的健康。良好的空间环境能促进人群的社会性活动，居住区内的环境设施也会影响社会性活动的发生和持续性。

因此，越来越多的学者提出“人性关怀”概念，通过创造多元化、多层次、多功能、可参与的居住区氛围，努力满足人们对于出行便利、社会交往、生活多样的需求，来实现居民生活与环境景观和谐共生，进而产生对居所、城市空间环境、社会环境的认同感和归属感。

2.1.3　特殊人群需求

居住区中老年人和儿童群体有其独特的生活和活动方式，他们对居住环境有特定的需求。良好的社区环境应当更加关注老人、儿童等特殊群体。

2.1.3.1 老年人的特点及对居住环境的需求

(1) 老年人的特点

随着年龄的增长，老年人的生理机能逐渐减弱，行动不便且自理能力较差，智力、记忆力及免疫功能均有所下降，容易出现意外事故。而在心理方面，由于社会角色的急剧变化，老年人时常感到孤独寂寞、焦躁抑郁，容易产生悲观失望的消极情绪，因此极其渴望受到社会尊重和被他人所关怀，对安全舒适、社交、活动多样性等方面有着更强烈的需求。

(2) 老年人对居住环境的需求

① 安全无障碍性要求　针对老年人在生理、认知等方面的衰退，在居住区规划和设计中，应当把安全无障碍要求放在首要位置，从居住与活动场所安全、交通与出行安全、无障碍细节等方面满足老年人需求。

② 社交需求　由于退休、健康状况变化或家庭原因，老年人可能失去了原有的社交圈，导致其社交需求得不到满足。因此，他们对居住环境中的公共空间、亲友邻居的互动机会等方面的需求也更为强烈。

③ 多样化活动需求　老年人闲暇时间较多，多样的休闲和文化娱乐活动能够帮助老年人摆脱孤独感，增进身心健康。居住区应当为老年人提供可以满足健身、下棋、唱歌、跳舞等多种活动需求的场所。

2.1.3.2 儿童的特点及对居住环境的需求

(1) 儿童的特点

儿童也是特殊的社会群体，他们所需要的人居环境不同于成人。儿童时期，身体和心理都处于发育之中，是人类整个生长过程中模仿能力、认知能力和学习能力最强的阶段。他们好动、好奇心强、喜欢探索和创造，带有趣味性的东西对儿童具有极大的吸引力。儿童自理能力较弱，对成年人有很强的依赖性，并容易对陌生事物和环境产生恐惧感。而居住区的外部公共空间也是儿童较为重要的成长空间，是儿童缓解学习压力、激发创造力和提高交往能力的重要场所，设计中应当尊重和关注儿童成长发育的特殊需求。

(2) 儿童对居住环境的需求

① 安全性需求　儿童在游玩过程中，很难注意到周边的人和事，注意力都集中在游戏中。所以，儿童户外活动区的空间和设施应该具有极高的保护性。其活动规模、活动面积、服务半径，以及选址等都应该保证儿童游戏时的舒适度和安全性（表 2-1-1）。

表 2-1-1　儿童游戏场地类型与规划要点

类型	一般规模	最小规模	单个儿童游戏最小空间面积	服务对象	服务半径	服务户数	选址
住宅组团级以下的幼儿游戏场地	150～450m^2	120m^2	3.2m^2	3～6 周岁幼儿	＜50m	30～60	一般在住宅庭院内，宅前屋后，在住户可看到的位置
住宅组团级儿童游戏场	500～1000m^2	320m^2	8.1m^2	7～12 周岁学龄儿童	＜150m	150 户家庭，20～100 个儿童	住宅组团中心区，多在绿地之内、住宅山墙之间，随空间自由布局
小区级少年游戏公园	1500m^{2}以内	640m^2	12.2m^2	12 周岁以上少年	＜200m	200 户家庭，90～120 个儿童	多在居住区集中绿地内，或与有绿地的公共建筑毗邻

② 适龄性需求　居住区应当关注各个年龄段儿童的需求和成长特征，分析不同年龄段

儿童的游戏行为特点，按儿童年龄段分区设计儿童活动场地（表 2-1-2）。

表 2-1-2　各年龄段儿童游戏行为特点

年龄	游戏器械	游戏人数	活动范围	安全级别
<1.5 岁	以沙坑、草坪和广场为代表的平地	一人，或与陪同者共同玩耍	陪伴者可触及的范围之内	必须有人陪伴保护
1.5～3.5 岁	平地、力所能及的固定游戏器械	一人，或在陪伴者的陪同下与熟悉的同龄人玩耍	陪伴者可照顾的范围之内	必须有人陪伴保护，或在保护范围内
3.5～5.5 岁	滑梯、跷跷板、秋千等器械	在陪伴者的陪同下与同龄人玩耍	陪伴者视野范围内，但是不能距离太远	在室内游戏场所能够自立
5.5～8.5 岁	男童、女童的性别差异初显，开始选择性别特征明显的游戏器械，如儿童挖掘机、洋娃娃等	既有熟悉的朋友圈，也愿意接触不同的人群，可以和成年人、同龄人正常交往	陪伴者视野范围内	已经具有一定的自主和自助能力
8.5～12 岁	男孩、女孩的性别差异明显，男孩喜欢运动性较强的活动，女孩喜欢相对女性化的游戏工具	朋友圈有固定化的迹象，更愿意和同龄人在一起游戏	基本可以独立	发育正常的少年已经具有独立自主游戏活动的能力

③ 兼顾性需求　不足 3 岁的幼龄儿童自主能力弱，游戏时必须有成人陪同。3～6 岁儿童自控能力弱，仍然需成人监管。所以儿童活动区还需兼顾成人看护、交流的空间（图 2-1-5）。另外，很多情况下是爷爷奶奶、外公外婆在帮助照顾小孩，在很多住宅小区都会看到老人带着孩子出来活动。所以，儿童户外活动区的设计应兼顾到老年人的休闲娱乐，可以将二者有机融合。

图 2-1-5　儿童看护空间

④ 多样性活动需求　儿童户外活动区作为儿童户外活动的主要场所，不仅仅是一个活动区域，还应该发挥其独特作用，将游戏和儿童的个人发展相结合。这就要求活动区提供多样性活动的空间以激发儿童的创意。因此在儿童户外活动区的构成中，根据儿童不同的年龄、能力以及发展程度，划定儿童户外活动区的领域并配置儿童游乐器械，让儿童参与到符合自身条件且多样的游戏活动中。

⑤ 生态性需求　儿童户外活动区设计应满足儿童贴近自然、了解自然、认识自然的渴望。在设计时顺应场地的自然条件，充分利用植物、土壤、地形等自然资源，充分利用光照、自然通风和降雨，并且注重乡土树种的运用。

2.2　功能空间布局与设计要点

居住区功能空间组成按照功能特征分类，包括居住区出入口、景观轴线（中心景观）、儿童活动空间、老年人活动空间、居住区运动空间、组团绿地与宅间绿地、单元入户空间、宠物乐园。本节将分别讨论各功能空间的布局与设计要点。

2.2.1 居住区出入口

居住区出入口，也称小区入口，是连接小区与城市街道的灰空间，同时也是小区与小区外部的过渡空间。它往往会作为小区的标志，是重要的交通节点，在居住区的整体景观结构中起到重要的引导作用。出入口作为整个小区的起点，其好坏、合理与否直接影响到整个小区的形象以及整体功能。

居住区出入口景观是一个综合体，这个综合体不仅包括了植物、建筑、道路、水体等物质构成，而且作为一个完整的景观，它所形成的整个环境空间为居民的生活、交往提供了相应的场所与保障（图 2-2-1）。

图 2-2-1 居住区出入口

2.2.1.1 出入口功能布局

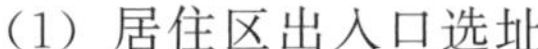

（1）居住区出入口选址

① 城市规划要求 居住区出入口的选址，应该符合城市的规划要求。《民用建筑设计统一标准》（GB 50352—2019）中对机动车出入口作出了以下规定：机动车出入口位置与大中城市主干道交叉口的距离，自道路红线交叉点量起不应小于 70m；距人行横道线、人行过街天桥、人行地道（包括引道、引桥）的最边缘线不应小于 5m；距公园、学校、儿童及残疾人使用建筑的出入口不应小于 20m。

② 周边环境 居住区出入口选址应充分考虑周边环境情况。首先，需与城市道路取得良好关系。一般来说，小区主入口的位置应设在基地与周围主要道路相连接的位置，而次入口则根据具体情况设置在基地与周围道路连接的其他方向。其次，应考虑周边的配套环境，如是否有公交站点、学校、机关单位、商业设施、公共活动场所等，这些因素都直接影响小区入口位置的确定。

③ 居住区总体规划 小区入口选址在一定程度上会受到小区总体规划的影响，如建筑群体布置特点以及景观轴线等。

综合以上分析，在确定小区入口时，首先应遵循城市规划要求，然后在考虑周边环境的基础上结合总体规划因素进行比较、调整，然后得出合宜的方案。

（2）居住区出入口数量

一个小区通常具备两个及以上的出入口，通常有主次之分，以保证小区与城市之间有良好的交通联系（图 2-2-2）。这些出入口，开设在什么位置、具备什么功用、采取什么形式、选择什么空间尺度，在进行小区规划布局时应统筹安排，属于小区规划的范畴。

图 2-2-2 根据规模，居住区通常具备 1 个主入口，1～2 个次入口

2.2.1.2 居住区出入口分类

居住区出入口是社区的门面，其人行和车行的设计需要综合考虑交通流量、居民生活便利性以及整体社区形象。根据出入口在小区整体规划中所处的地位，可将

其分为主入口与次入口两大类；同时，根据规划形式以及不同入口所承担的交通组织作用，又可以分为人车分流出入口与人车混行出入口两类。需要注意的是，入口的主次与人行、车行之间是并行的关系，一个入口的主次代表的是其在小区整体规划中的相对地位，它可能是单独的人行出入口或者车行出入口，也可能是人车混行出入口。

（1）人车分流

① 主门入行人，一侧车入车库　主入口仅限人流通行，车行另走车库，此类人车分流方法是目前居住区常见的规划方法。主入口附近的人行道应设计得宽敞平坦，以容纳行人流量，特别是在出入高峰期；考虑到无障碍通行，确保人行道平坦、无障碍物，并设置坡道或无障碍设施，以方便行动不便的居民。

沿着人行动线布置归家动线，使用树木、花草、水景等景观艺术元素，提升出入口的美观性和舒适性。

车库入口需在主入口一侧。出入口应设计得宽敞，以容纳各种车辆的进出，并确保进出的车辆不影响主要道路的交通。

② 主门入行人，较远一侧车入园区　除通过车行道进车库这类人车分流的方式之外，还存在居住区不具备地下车库的情况，因此，车辆可能需要进入住宅区。对于这种情况，可在距离主入口较远一侧布置车行入口。

车行入口处的车道宽度至少能容纳小型交通工具，如汽车和自行车，并有足够数量的车道以应对出入高峰时段的车流。在设计中要考虑消防车道的需求，确保有足够宽度的通道供紧急车辆通行。同时可在车行入口设置交通广场，主要用于停车等待，以减缓车辆的进入速度，避免交通拥堵，提高行车安全性。

（2）人车混行

人车共用主出入口是小区与城市沟通的主要通道，需满足小区业主、访客进出小区方便、舒适的需求，因此通常设立在小区对外联系最便捷的位置，如临近公交站点、社区商业服务网点、城市公园等。人车混行出入口主要包括雨棚、车行道、车行岗亭、人行道、人行岗亭、休息等候区以及前后缓冲区等功能要素，通常可分为以下两类：

① 中间为车行道，人行道布置在车行道两侧（图 2-2-3）。

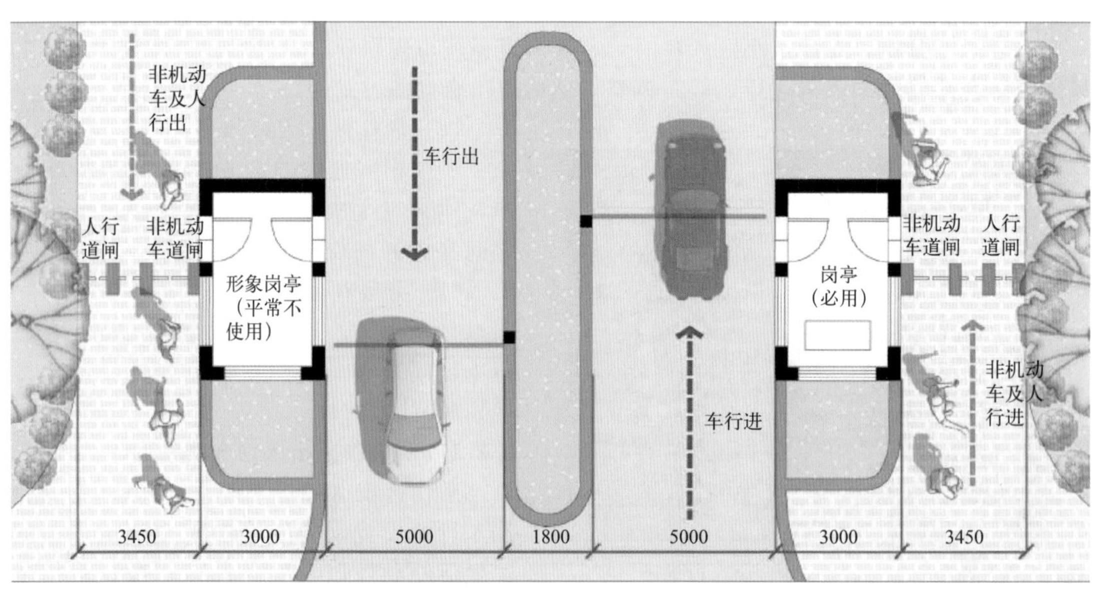

图 2-2-3　人行道布置在车行道两侧

②一侧为车行道，一侧为人行道（图 2-2-4）。

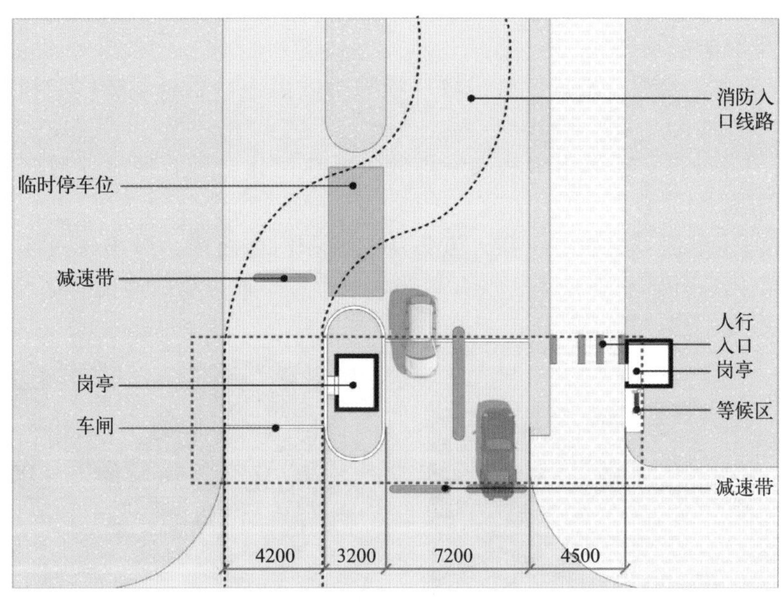

图 2-2-4　一侧为车行道，一侧为人行道

车行道根据场地条件，依照双进双出、单进双出、单进单出排序。兼具消防车道功能的车道必须满足转弯半径≥9m、单车道宽度≥4m 的要求，同时还需提供充足的过渡距离（坡度以不超过 8%为宜），以避免机动车或者非机动车在出入城市道路时产生危险。人行与非机动车行道布置于车行道一侧，连接市政人行道，满足非机动车行及人行通行需求，宽度≥3m。道闸距市政路牙的距离至少为 11m，有条件的需在岗亭后中间绿化带设置核查辅助区。

2.2.1.3　出入口景观平面布局

居住区出入口景观的平面布局，根据其在居住区中的地位、功能和景观处理的不同情况等可采取不同的模式。这里将其中的基本模式分类如下。

（1）对称式与非对称式

出入口景观按照布局形态划分，主要包括对称式与非对称式两类（图 2-2-5）。对称式指各个出入口景观要素依照中轴线对称布置，给人以规整、秩序井然的感觉；非对称式与前者

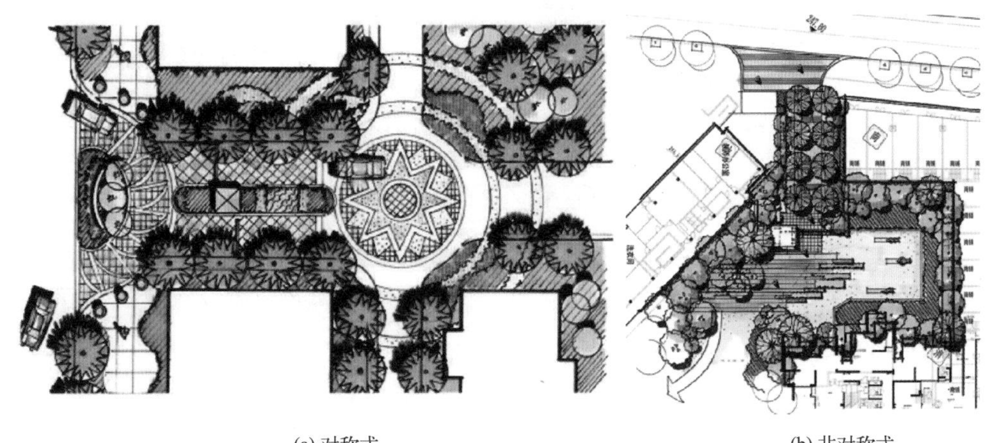

(a) 对称式　　(b) 非对称式

图 2-2-5　对称式和非对称式

相反，各个景观要素在平面中自由灵活布置，给人以活泼生动、自然而富于变化的感觉。这两种模式各有所长，在出入口设计时应视用地条件、景观风格等具体情况而定。

（2）广场型与非广场型

① 广场型出入口景观　是指带有集散广场的小区出入口景观。按广场和门体的位置关系，可以分为三种情况：

a. 广场在门体外面：交通组织和人流集散主要在门体之外，通过疏散广场来解决交通及停车问题（图 2-2-6）。

b. 广场在门体里面：交通组织和人流集散主要在门体之内，对小区内部会存在一定干扰，主要用于出入口外部用地狭小、没有足够场地布置集散广场的情况。这种广场有时与小区中心绿地联系在一起（图 2-2-7）。

图 2-2-6　广场在门体外面

图 2-2-7　广场在门体里面

c. 门体在广场中间：交通组织和人流集散兼顾门体内外，属于前两种情况的组合。

② 非广场型出入口景观　有些小区出入口景观并没有广场，只是在道路出入口处设置一座门坊或门洞（图 2-2-8），或者只有简单的标志物。人流与车流在此无法停留，人们只是匆忙地由一个空间进入另一个空间，快速通过是主要目的。这种类型大多用于小区次入口或空间用地紧张的主入口。

图 2-2-8　非广场型出入口

图 2-2-9　小区出入口形象标识

2.2.1.4　出入口景观配置要点

（1）形象标识

小区形象标识（Logo）是指标明小区称谓的设施，主要起着明示“这是哪里”的作用（图 2-2-9）。形象标识常常结合大门、广场景观以及形象墙等组合设置，这样既可丰富出入口景观的层次，也可更有效地突出标识本身。在设计中，形象标识是小区对外展示的基本因素，应注意处理好与出入口其他景观要素之间的相互关系，并做到空间尺度适宜、位置醒目、辨识清楚，同时需体现小区设计的主题与特点，做到点题、切题。

（2）入口广场

小区人流量较大的入口处通常会设置一定空间尺度的广场用于集散。入口广场除了担负交通组织的重要功能外，还可作为居民们活动休闲的场所，这是由于入口处人流频繁，居民相互之间接触频率高，有在此休息、聊天甚至开展舞蹈、集会等交往活动的需求。广场设计应以硬质景观为主，并应配搭适量绿化与水景，安置休息设施，为小区及周边居民提供一个安全、舒适的场所，从而促使各种交往行为发生，改善邻里关系，创造居住区生气勃勃的氛围。

（3）门廊

门廊，即居住区的大门，是指起到入口空间限定作用的“门形”构筑物，安设在小区入口特别是主入口处，也是居住区的门面。它的存在一方面便于安全管理，一方面作为形象展示。大门主要包括门体、岗亭、门禁几个部分，以及电子监控器、可视电话等智能安全系统设备。值得注意的是，大门有时也与建筑体结合设置，这样的建筑体通常具有综合功用，包含物业、会所、商业区等内容。

图 2-2-10　现代化简约式门廊

门廊设计要点主要涉及风格和空间尺度两个方面：

门廊的风格应该与整个小区的风格相协调，如对于欧式风格的小区，可以运用拱形门廊、铸铁柱子等元素，以增强欧式风情；对于现代风格的小区，可以运用简洁、流线型的门廊设计，以体现现代感（图 2-2-10）。此外，门廊的风格还需要考虑其与周边环境的协调性，如门廊的材质、颜色等应与周边建筑物相协调。

门廊设计还需要考虑到门廊与建筑物主体的比例关系，门廊的高度和宽度应该与建筑物的比例相协调，以保证整体视觉效果的和谐统一。

（4）构筑要素

① 水景与景墙　在居住区出入口处可设置合适的镜面水池、喷泉、跌水等景观设施，多与景墙、大门搭配形成景观层次，作为动态景观，增加出入口的仪式感（图 2-2-11）。

图 2-2-11　水景与景墙的搭配

② 雕塑　出入口处适合结合社区设计主题以及社区的文化和艺术特色，适当布置雕塑，起到出入口处标志性作用（图 2-2-12）。

③ 植物　出入口的植物景观同样要结合出入口形式进行精细化搭配，修剪的灌木要注意随大门景墙的高低层次错落变化。在植物种类选择上，可采用大规格造型优美的孤植（图 2-2-13），如大规格桂花、特型松树等与大门、构筑物结合，烘托氛围；或采用四季变化突出的彩色树种，在出入口处达到更好的景观效果。

图 2-2-12　出入口雕塑

图 2-2-13　出入口处孤植树

（5）人性化细节

居住区的出入口是居住区与外界交流的重要窗口，设计时需要充分考虑到居民的需求和感受，注重细节，打造宜人、美观、安全的环境。以下是居住区出入口景观设计中需要注重的人性化细节：

① 无障碍通行　出入口的交通流线应该直观明了，避免出现盲区和交通拥堵。同时，应该考虑到普通行人、残疾人和老年人等不同群体的需求，设置无障碍通道和人行道等。居住区出入口的无障碍通道需要根据不同群体的需求，合理设置通道宽度、斜坡坡度、前后坡度、高度、长度和材质等，以确保通行的安全和舒适。无障碍通道的宽度应该不小于1.2m，以便轮椅、婴儿车等设施能够自由通行；无障碍通道的斜坡坡度应该尽量平缓，不大于1∶12，即每1m的水平距离上高度变化不超过8.3cm。如果通道长度超过9m，则应该设置平台，以便行人休息。

图 2-2-14　出入口的柔和灯光

② 照明设计　出入口照明灯光应该根据出入口的具体情况进行合理布局，设置适当的灯光和照明设施，避免灯光过于刺眼或反射强烈，避免出现盲区和阴影。灯光的色温可选择较为柔和的暖色调，衬托出入口景观构筑物，同时考虑灯光的高度和角度，以营造舒适的出入口氛围（图 2-2-14）。

③ 便民设施的设置　出入口的休息设施设计应该充分考虑到行人的需求，设置座椅、遮阳伞等，方便行人休息、暂留。同时也需要设置垃圾桶，方便居民随手投放垃圾，同时也方便环卫工人清理垃圾。

（6）监控

居住区出入口监控设置是指在居住区的入口和出口处设置监控设备，对出入区域进行实时监控和录像，并对异常情况进行报警等处理。以下是居住区出入口监控设置的要点：

① 确定监控设备的种类和数量　根据入口和出口的位置、面积和通行量，确定需要设置的监控设备的种类和数量，如摄像头、门禁系统等。

② 确定监控范围　根据实际情况，确定监控设备的监控范围，确保能够全面监控出入口区域，同时避免监控设备盲区。

③ 确定监控设备的安装位置和角度　根据监控范围和实际情况，确定监控设备的安装

位置和角度，确保能够全面、清晰地监控出入口区域。

2.2.2 居住区中心景观

规模较小的居住区，中心景观一般呈中心式布局，空间结构上围绕一个中心形成小区花园，具有极强的公共性与可达性，与组团绿地以及宅间绿地景观构成整体景观层次。

规模相对较大的居住区，中心景观一般呈轴线式序列布置，其景观轴线将组团绿地、宅间绿地景观串联起来，形成整体的景观结构。轴线式景观为线性景观系统，其形式复杂多样，是居住区内组织空间的基本手段之一，具有连接、引导、分隔等功能，不仅可以提升居住区的整体品质，还可以提高居民的生活质量。这些轴线通常在居住区的主要道路或步行路径上设置，它们可以是直线、曲线、环形或其他形状，以不同的方式展现出居住区的特色和风貌。下面简要介绍轴线式中心景观的功能布局与设计要点。

2.2.2.1 中心景观的功能与布局

（1）中心景观的功能

中心景观对居住区环境起着至关重要的作用。功能上，它是整个居住区景观的中心节点，是整个居住区的休闲活动中心，需要满足居民晨练、散步、小憩、交往以及举办各种集体文化活动等日常活动需求。一般可设置亲水休闲区、各类广场、草坪活动区，以及漫步道等功能区。

（2）选址

中心景观的选址应考虑到周边环境和居民需求。一般来说，应选在交通便利、人口密集、开阔的区域，同时应考虑到中心景观与周边建筑的协调性。在确定中心景观的位置时，需要考虑以下几个方面：

① 居住区的整体规划　居住区的整体规划是确定中心景观位置的基础。在居住区规划设计初期，需要考虑到居住区的总体布局和功能分区，确定居住区的交通流线和绿化分布等，以便在后期的景观设计中考虑中心景观的位置和空间尺度。

② 居住区的地形和自然环境　居住区的地形和自然环境也是中心景观选址时的考虑因素之一。在选择位置时，可以充分利用自然地形、水系、林地等，打造出自然和谐的、具有独特魅力的中心景观。

③ 居住区的建筑风格和文化内涵　居住区的建筑风格和文化内涵也是中心景观选址时的重要考虑因素。根据建筑风格和文化内涵，选择适宜的位置、空间形态与轴线形式，从而打造出与居住区整体风格相协调的中心景观。

④ 居住区的使用功能和需求　中心景观的位置选择还应当充分结合居住区的使用功能与需求。可以选择在居住区的公共活动区域、商业区和休闲区等重要场所设立中心景观，使中心景观与居住区的使用功能相协调。

（3）中心景观空间关系

① 与出入口相连　轴线式中心景观用于创建连贯的功能与视觉路径，将不同的景观元素和空间连接起来，以创造统一而有序的空间体验。与出入口相关联时，中心景观可以起到引导、衔接和突出出入口的作用，具体包括：

a. 引导视线：中心景观可以通过精心布置的路径、植物、构筑物等要素引导居民和访客的视线，使其自然地关注和朝向出入口区域（图 2-2-15）。

b. 营造宽敞感：通过在中心景观上采用适当的设计手法，如逐渐变宽的道路、透视效果等，可以增强人们对出入口区域的宽敞度感知。

c. 增加期待感：中心景观可以通过设计上的惊喜和变化，使居民和访客对于即将到来的出入口体验产生期待感。

d. 强调出入口：中心景观的设计可以通过合适的引导、标识和布局来强调出入口的重要性。

e. 统一秩序：中心景观与出入口相连，使景观空间更加协调，增强统一与秩序感。

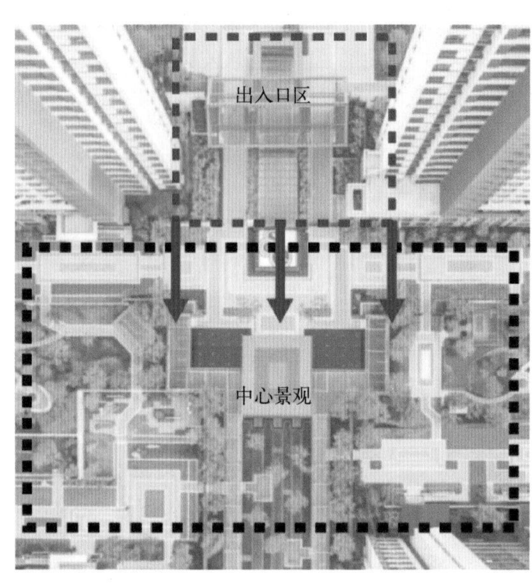

图 2-2-15　通过植物塑造直列式空间来引导视线

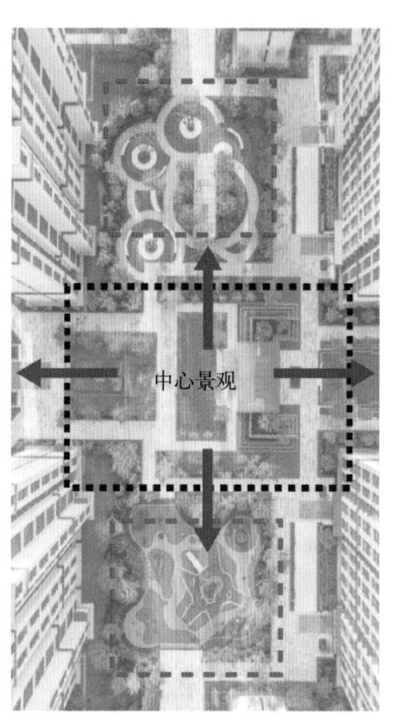

图 2-2-16　中心景观连接不同功能区

② 与其他功能区相连　居住区中心景观作为一个核心空间，可以起到连接不同功能区的作用。它可以将居住区出入口与其他功能区连接起来，形成一个统一而有机的整体（图 2-2-16）。居住区中心景观可以作为空间组织的引导者，根据中心景观的布局和空间尺度为不同功能区分配合适的空间，形成居住区内的整体布局和结构。例如，通过界定道路、广场、绿地等空间，使不同功能区之间的关系更加清晰、明确。通过设计和布置，使它们相互衔接和配合，为居民提供丰富的活动场所和美好的居住环境。

2.2.2.2　中心景观配置要点

（1）空间尺度

中心景观一般规划在居住区中心地段，相当于整个居住区的小型公园，其空间尺度应当与居住区规模相适应，面积大小要满足整个小区居民集中的休闲活动需求，一般占到整个居住区景观面积的 20%～30%比较适宜。中心景观在景观结构方面，起到控制全场并组织空间序列的作用，因此，相对于分散的组团绿地来说空间尺度较大，服务范围覆盖整个小区，居民步行 10min 内可到达。

（2）空间序列与节奏变化

在居住区景观的设计中，较大规模的中心景观一般呈轴线布置，空间尺度较大，因此其空间序列与节奏变化对整体景观品质起到至关重要的作用。由中心轴线组织空间的起承转合等转折变化，整体景观应服从这一序列变化，突出变化中的协调感，强调其空间的连续组织及关系，强调有机的秩序。

① 空间层次　中心景观可由中心延伸至周边建筑前后空间，遵循公共、半公共、半私

密、私密的景观空间层次，从公共性质空间属性逐渐过渡到半私密、私密空间，一方面丰富空间层次，一方面满足居民对居住空间的物质以及心理需求。如具有广场化特征的公共区域中心景观，能够满足人们聚集、活动的需要。广场两侧的树阵、草坪组成的林下空间以及景墙、廊架等要素形成的半围合空间则满足人们交流、停留小憩等需求。

② 空间序列　轴线型中心景观呈线形布置，是居住区景观中最主要的归家、游憩动线。良好的轴线空间序列能改善环境景观品质以及人们的视觉感受与体验。景观空间序列是不同景观空间的组合效果，设计中要通过若干相互联系的空间，构成彼此有机联系、前后连续的空间环境，同时注重空间开合转折的序列变化。例如，轴线型中心景观中常见的入口小广场、林荫空间、各种活动广场以及草坪，或各种表达风格、文化的主题节点等场所空间都应当纳入到一定的空间序列中去，形成起始空间、过渡空间、核心空间、结尾空间等序列层次，并按照其序列层次引导人流、组织人行动线。

③ 节奏变化　轴线型中心景观设计可以通过运用轴线与对位、暗示与引导、渗透与层次等组织方式以及空间尺度、形态、竖向、虚实的变化，丰富空间层次，从而带来节奏变化。轴线上各主次节点与过渡空间从形态上要有对比，空间上起承转合，水景、草坪、微地形、景观廊架、雕塑等构成要素组成的多样性活动与流线空间相互穿插、层层递进。

另外，设计中应当注意空间与空间的连接转换。连续的景观、合理的路径能够加强景观空间的节奏与韵律变化。同时还可以利用视距远近、视角大小、视域收放等视觉规律，通过变换视点和角度，对视线进行合理的安排和引导，增加空间的节奏感和趣味性。如居住区入口处可设置流水景观，吸引人的视线或使人小作停留，再通过具有视线联系的过渡空间转换到大空间尺度的广场空间。

（3）景观形式

居住区中心景观通常分为直列型、曲线型、环型和混合型四种景观形式。设计时需要根据具体居住区规划、环境条件和居民需求综合考虑，创造出舒适、美观、功能性强的中心景观环境。以下是四种景观形式的设计要点：

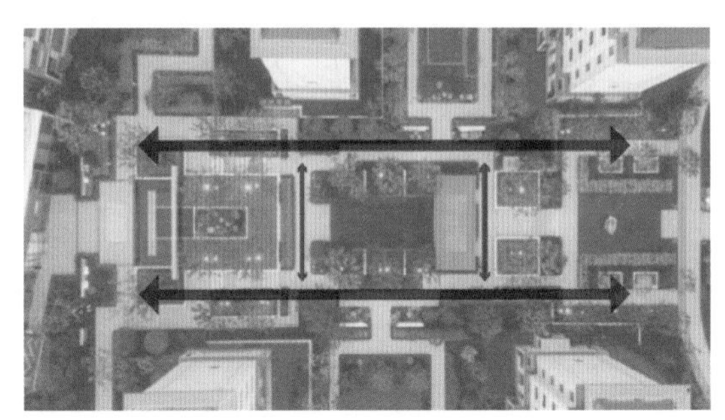

图 2-2-17　直列型中心景观

① 直列型中心景观（图 2-2-17）　直列型中心景观的设计通常比较简洁，空间布局形式呈规整直线状，带给人们有序的空间感受。在空间设计上，利用直线等设计元素，引导视线，凸显景观中的焦点，例如雕塑、喷泉、景观构筑物等。这种类型的中心景观通常适用于现代风格或道路规划为直线布局的居住区。

② 曲线型中心景观（图 2-2-18）　曲线型中心景观的空间布局形式呈自然曲线状，此类设计形式可以增加景观的变化和动感。在设计上主要考虑流线走向，通过曲线的设计创造柔和的景观空间和流线边界，让景观与周边自然环境无缝结合，创造出具有渗透感的景观空间。这种类型的中心景观适用于凸显自然风格、道路规划呈弧线的居住区。

③ 环型中心景观（图 2-2-19）　环型中心景观可以营造出一种自然、和谐、连续的感觉。可在环型设计中设置宽敞的中央区域，以供居民举办各类活动，增加社交互动和娱乐空间，并使人们在不同的位置都能更好地欣赏到景观，创造出良好的视觉效果，营造统一的开放感，打造开放感强的居住区中心。这种类型的中心景观适用于大部分居住区。

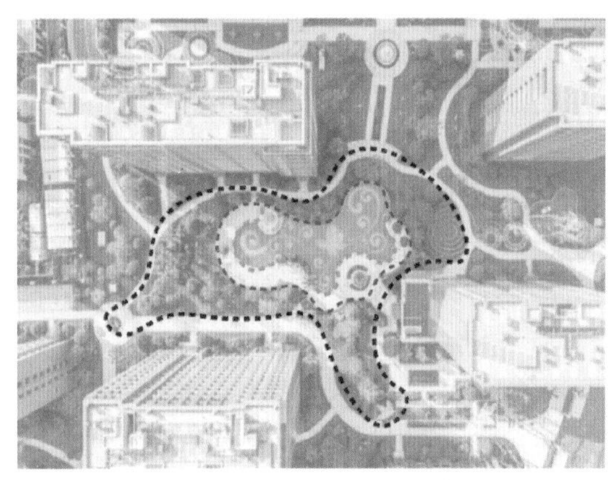

图 2-2-18　曲线型中心景观

图 2-2-19　环型中心景观

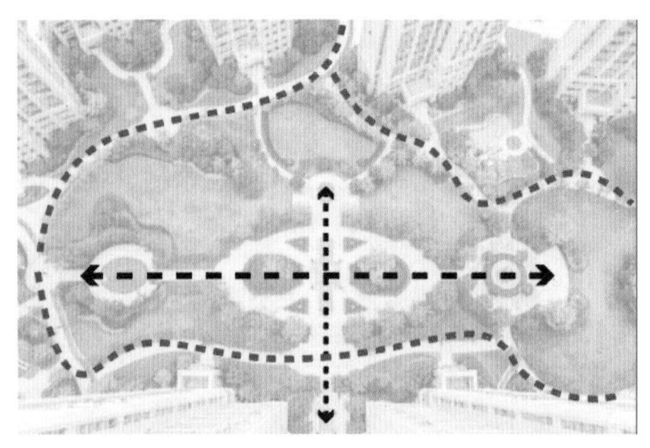

图 2-2-20　混合型中心景观

④ 混合型中心景观（图 2-2-20）　混合型中心景观是不同类型中心景观的组合。可以根据场景和设计要求的不同，将多种类型的中心景观进行组合，创造出更加多样化的景观效果。设计时也要充分考虑居民的通行需求，需结合景观形式合理布局健身步道、人行道和车辆通道，便于交通出行和社交活动。

总之，不同类型的居住区中心景观可以通过不同的设计手法和形式，产生不同的视觉效果，以满足不同的设计要求和场景需求。

（4）主要配置元素

居住区中心景观主要包括草坪、绿篱、树阵、水景、景墙、廊架、景观灯柱和雕塑小品等配置要素，配置中要着重满足功能需求，强调仪式感、空间序列以及视觉的连续性。

① 草坪　草坪是中心景观设计中常见的要素（图 2-2-21），在绿化环境的同时，还可提供休闲、运动等活动的场所。草坪常采用耐阴、耐旱、适应性较强的草坪草种，如结缕草等，我国南方常采用单播种植方式（指用一种草坪草种来建植草坪），北方常采用混播种植方式（指用至少两种草坪草种混合建植草坪）。具体设计时要注意可观面要多，同时需有背景植物半围合。

图 2-2-21　中心景观草坪

图 2-2-22　绿篱

② 绿篱　绿篱是由耐修剪灌木围合形成的绿化带（图 2-2-22）。在中心景观中，绿篱可以起到分割空间、营造序列空间、遮挡或者引导视线、提供隐私空间等作用。常见的绿篱植物有黄杨、龙柏、海桐、紫叶小檗等。在设计时应根据空间需求和位置，选择适当的密度和高度。如果需要隔离视线或阻挡噪声，种植应浓密，高度一般可选择在 1.5～2m；如果只是作为装饰或用于界定边界，则可以根据不同需求选择适当的高度和稀疏程度。

③ 树阵　树阵是指在固定的位置按一定序列栽植多棵树木形成的景观（图 2-2-23）。居住区中心景观多应用树阵形成开放的广场空间，起到营造序列空间、增强仪式感、强化轴线、引导视线、丰富景观等作用，同时也可以为居民提供遮阳、小坐等使用功能，树阵中，树木排列形式可以选择直线排列、曲线排列、对称排列或非对称排列等。根据场地的形状和设计的目的，选择不同的排列形式，形成具有艺术感和动态效果的景观。树阵中树木的排列间距要均匀、一致，并且根据树种的生长情况和树冠的大小来确定。间距过大会显得空旷，间距过小则容易造成拥挤和竞争。

图 2-2-23　树阵广场

④ 水景　居住区中心多运用水景形成居住区的核心景观，为居民提供休闲娱乐的场所空间，同时满足人们的亲水愿望。中心景观的水景相对来说空间尺度较大，根据整体景观的设计风格采用规则或自然式水池，多应用于轴线起点、终点等节点或中心广场，通常运用静水（如水池和湖面等形式）形成景观基底，运用动水［如溪流、喷泉、瀑布、跌水等形式（图 2-2-24）］来提示视觉与空间焦点，并且与其他亭廊、雕塑小品、植物等要素共同组合成各类空间形式，营造与烘托中心景观环境氛围。

图 2-2-24　叠水、跌水、喷泉、溪涧

在设计水景时首先需结合场地的地形条件以及环境的需求确定水池的用途，同时注意掌握好岸线、水面、地面三者间的衔接、联系。其次，不同功能的水池要考虑的问题也有所不同，例如：比较常见的戏水池，偏重考虑安全问题，水深要降至 10～30cm，池底做防滑处理；而像瀑布、跌水一类，则更侧重于设计出水口来达到理想的流水形态。

⑤ 其他构筑物要素　中心景观常运用景墙、廊架（图 2-2-25）、雕塑小品、景观灯柱等构筑物提供休憩、观景、社交活动以及彰显主题文化等功能。其设计要与建筑风格相一致，融入环境，同时注重空间尺度比例的协调与统一。

图 2-2-25 居住区常见的廊架形式——拱廊、亭台、连廊等

廊架的设计需要结合实际需求和创意，同时要考虑到结构稳固、遮阳效果、多功能性和照明等因素；景墙适宜半围合空间或做轴线的对景终点，同时起到一定的视线引导作用；雕塑小品与其他要素相配合，起点缀作用，因此数量宜精简，需考虑尺寸、材料、雕塑形式、色彩和装饰、安全性等（图 2-2-26）；树池可供小坐、遮阳，可对称成列设置，强调轴线。

图 2-2-26 不同形式和材料的雕塑小品

⑥ 照明与灯具 中心景观的照明设计应充分考虑到夜间行人的安全和视觉需求，起到良好的视觉导向作用。常用的灯具包括景观灯柱、庭院灯、景观射灯和草坪灯（图 2-2-27），各类灯具配合设置，满足夜间亮化效果，烘托环境气氛。景观灯柱在中心景观中应用广泛，其布置与设计需结合景观形式和道路布局，根据人流动线，一方面强调其序列构成，丰富空

图 2-2-27 景观灯柱、景观射灯、草坪灯

间竖向变化，一方面提供照明，满足功能需求（图 2-2-28）。

具体设计中，首先需要确定使用时间和照明的覆盖范围；其次考虑照明的亮度和色温，以满足夜间照明和视觉舒适感需求；最后需要考虑照明系统的能耗和维护成本，以确保照明系统的经济性和可持续性。

图 2-2-28 中心景观的灯柱以景观元素形态点缀空间

2.2.3 儿童活动空间

居住区户外儿童活动空间（图 2-2-29）一般为针对居住区儿童活动需求而单独设立的儿童活动空间，作为儿童游憩交往、释放天性的场所，在保证安全性的前提下，以其丰富的色彩、多样的游乐设施为孩子提供有趣味的开放游乐场地。

图 2-2-29 儿童活动空间

2.2.3.1 儿童活动空间的选址与布局

（1）儿童活动空间的选址

在居住区景观设计中，儿童活动空间的选址至关重要，需要考虑到场地空间的可达性、与居住区自然环境的结合以及安全性等因素。

① 可达性 首先，充分考虑儿童需求，活动场地应设在居住区相对中心区域，住户步行 5 分钟可达则最佳，远离居住区内车行系统，保证活动安全。其次，还应消除儿童进出时可能存在的其他隐患，整体空间与周围道路的高差不宜超过 60cm，如高差过大，需做好无障碍设计，实现空间可达性。

② 与自然环境的结合 儿童活动空间的选址应该与自然环境相结合，应考虑到日照和风向的影响，尽可能选择朝阳面或者自然通风的地方。比如可以选择靠近花园、树林或者草坪的位置，让儿童在自然环境中感受大自然的美好。

③ 安全性 户外儿童活动空间的场地选址时要避开高危区域，如车流密集的交通流线处、出入口，以及河岸、湖岸等场地。对条件不理想的场地，可以在其周边运用低矮灌木植物或公共设施进行分隔、围合，营造出隔而不离的视线通透空间。

（2）儿童活动空间布局

居住区儿童活动空间通常是根据儿童的需求和安全要求来设计的，儿童活动空间的布局应该考虑到以下原则：

① 远离交通，营造安全静谧环境　居住区户外儿童活动场地应尽量结合景观合理布局，不仅要方便人们到达，还要减少交通对儿童户外活动的干扰。活动场地应远离车流量大的道路，提高空间的安全性，同时要有良好的视域开敞性，便于成人照看。场地既要能满足日照、通风、方便和安全的要求，同时也要减少儿童在游戏活动时对居民生活的干扰。

② 合理分区，满足儿童的需求　为了最大程度利用空间，设计师需合理规划儿童活动空间的布局，根据儿童阶段性的行为特征来设计空间的流线布局，并确保流线清晰、合理。避免拥挤和堵塞，为儿童提供充足的活动区域。

③ 多类型空间设计　儿童的好奇心非常强，对场地空间的探索能力较强，不同年龄阶段的儿童对空间有不同需求。因此，在居住区儿童活动空间景观营造过程中，要营造多种形式的活动空间（图 2-2-30）。另外，可以设置一些开敞和相对封闭的活动空间，以满足不同性别儿童的活动需求。

图 2-2-30　多类型儿童活动空间

2.2.3.2　儿童活动空间设计要点

（1）全龄化要求

儿童活动空间设计需要充分考虑到不同年龄段儿童的身心特点、游戏需求和安全问题。设计师需要按照儿童年龄段分区来设计儿童活动场地（图 2-2-31）。

① 0～3 岁儿童活动区（启蒙乐园）（图 2-2-32）　此阶段儿童处于无意识吸收成长阶段，开始有语言能力和自我意识，着重视觉、听觉、触觉的感官培养，需要通过活动空间的色彩、形状、位置设计，帮助儿童培养其初步空间认知能力。游戏区可设置颜色鲜艳的简单玩具，如低矮的攀爬墙、大型积木、圆球等，同时场地要着重关注家长的照看休息设施。

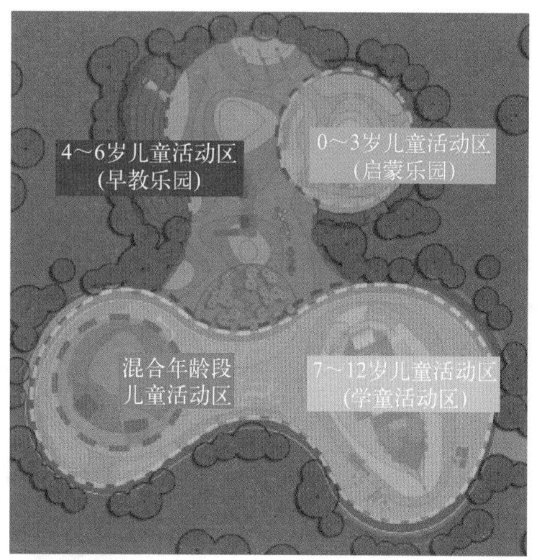

流线安全：看护区——启蒙乐园(单向流线)
看护区——早教乐园(单向流线)

看护安全： 全覆盖 无遮挡

 5s内可达任意点位

分龄安全：
0～3岁 无防护能力：0～3岁儿童活动区(启蒙乐园)
4～6岁 弱防护能力：4～6岁儿童活动区(早教乐园)
7～12岁 强攻击性：7～12岁儿童活动区(学童活动区)
混合年龄 互动性：混合年龄段儿童活动区

图 2-2-31 儿童活动空间分区

图 2-2-32 视线全覆盖无遮挡，5s 内可达活动场地内任意点

② 4～6 岁儿童活动区（早教乐园）（图 2-2-33） 此阶段是儿童的个性形成期，他们开始学会控制自己的运动。他们经常独自玩耍，但开始有伙伴，通过各种感官体验周围的事物。该年龄段场地可设置早教黑板、滑梯、秋千、跷跷板、攀爬架等，同时可以添加简单的幼儿运动设施，如小型篮球架等，加强运动与探索的可能性。

图 2-2-33 早教乐园

③ 7～12 岁儿童活动区（学童活动区） 这个阶段的儿童正向少年发展，喜欢在更复杂的空间或者活动器材上玩耍，进行适度的挑战。此阶段儿童的游戏活动对幼龄儿童或者老人造成一定干扰或危险，因此需要更大场地以满足该年龄段儿童的生长发育需要。设计中可利用空间构筑设施（图 2-2-34），提供儿童休憩、互动游戏的空间，并且在此基础上附加攀爬、滑梯等功能；运动方面可以设置小型跑道和尺寸合适的攀岩墙等（图 2-2-35）。

（2）关照儿童心理需求

设计儿童活动场地时不仅需要考虑到儿童的年龄、性别、兴趣爱好和身体发展状况等因素，还需着重考虑儿童的心理需求，以创造一个安全、有趣和有利于儿童成长的环境，具体体现在互动性、探索性、色彩性、创造性等四个方面。

① 互动性 儿童在游玩时需要与其他儿童互动，从中获得乐趣和成长。设计儿童活动场地时需要考虑到互动性。首先，场地的设施应该考虑多人游戏互动，包括攀爬、玩滑梯、坐跷跷板等，以满足多个儿童同时互动游戏的需求。其次，场地应该设置足够的空间和设施，以容纳多人同时玩耍。同时，场地的布局也应该考虑到儿童之间的互动，如可以设置多个游戏区域，每个区域的设施可以相互连通，以便儿童可以在不同区域之间自由移动。

② 探索性 儿童是好奇心旺盛的，喜欢探索未知的领域，从中获得新的知识和体验，

图 2-2-34　儿童活动空间构筑设施常以二层构筑设计体现，同时带有附加游戏功能

图 2-2-35　攀爬墙、小型跑道

因此设计儿童活动场地时需要考虑到探索性。场地的设施和布局应该具有一定的挑战性，如攀爬架等（图 2-2-36），以激发儿童的探索欲望。

③ 色彩性　五彩缤纷的游乐环境能够促进儿童智力的发育和成长，有益于儿童身心健康发展。因此，儿童活动空间设计中一个重要部分就是色彩的设计，运用色彩来塑造和强调环境氛围（图 2-2-37）。色彩能够刺激儿童的感官、提高儿童创造能力，对儿童的心理有极大的影响。在设计时选择明快鲜亮的色彩或动画游戏场景中的主题色系、主题图案等，并与周围环境进行合理的搭配以求协调统一，能够很好地吸引儿童并激发其兴奋感和愉快感，也

图 2-2-36　攀爬架、障碍管网、攀爬网

图 2-2-37　铺装、设施等均展现丰富色彩

能避免纷乱错杂的搭配给儿童带来烦躁不安、焦虑的影响。

④ 创造性　儿童是创造力旺盛的，他们喜欢自己动手制作东西，并从中获得乐趣和成就感。因此，设计儿童活动场地时需要考虑到创造性。首先，场地的设施应该具有一定的自由度，如可以设置沙坑、水池等，以供儿童自由发挥想象力和创造力。其次，场地的设施也应该具有可塑性，如可以使用多种材料和颜色，以供儿童自由组合和创造。

(3) 设施种类布置要求

① 设施安全：

a. 儿童户外各类活动设施的布置要求需要根据设施种类、尺寸、颜色、儿童身高等方面进行考虑和规划，需要确保游戏设施与对应年龄段儿童相匹配，以免因使用不当导致安全事故。

b. 各类活动设施如滑梯、秋千、吊桥、攀爬架等（图 2-2-38），需要符合国家标准，并经过专业机构检测和验收。

c. 1～12 岁儿童使用的游乐设施的高度和倾斜度需要按照国家标准进行设置，例如滑梯的高度应小于 2m，倾斜度应小于 30°。

d. 设施材料应耐用、卫生和易于维护，例如可采用端头圆润、棱角光滑、结构稳定的木质或金属管为材料。

e. 由于儿童在游戏时常会有爆发性动作，家长不能及时跟上他们，因此还需要在每一个游戏项目边预留出足够的安全缓冲空间和交通空间。

图 2-2-38 滑梯、秋千、吊桥、攀爬架

② 场地安全：

a. 要确保游戏场地的周边环境安全，如没有水坑、尖锐物等危险物品。

b. 场地的地面应平整、干燥、无杂物，以避免儿童被绊倒或滑倒。

c. 活动场内的游玩项目中需要大人陪同和保护的活动应通过标识牌提醒，一方面可以引起儿童和陪同者的注意，另一方面可以帮助儿童形成良好的游戏习惯和安全意识。

d. 儿童游乐场地应设置无死角监控，保证儿童安全。

（4）铺装材料

儿童功能空间的铺装材料应该平整、防滑、耐用、安全无毒，并具有良好的缓冲性能、易于清洁，如塑胶地垫、天然木材或人造木材等。这些材料不仅能够减少儿童受伤的风险，还能够提供更好的触感和视觉体验。铺装形式需符合儿童的心理特点，可以通过不同颜色和铺面形状的变化来创造童趣氛围，在此基础上细化，使用鲜明的颜色、形状创造出有趣的图案和游戏标记，如迷宫、跳跃格子等（图 2-2-39），促进儿童认知能力的发展，激发儿童的创造力和想象力。

图 2-2-39 铺装需充满童趣，满足孩童的心理需求

（5）人性化细节

儿童活动场地中，可考虑配置婴儿车停车位，且就近设置于休憩座椅周边以方便取物，并应考虑地面标识和防滑功能；可考虑配置儿童洗手设施（需配垫脚台），有挖沙池

的场地内还应配置洗脚的设施；成人看护区应配置休息座椅且必须倒圆角，休息座椅设计中应考虑成人、儿童不同的坐高；设置看护区时应考虑遮阴和视线通透，便于对儿童进行监护。

2.2.4 老年人活动空间

面对人口老龄化趋势，居住区中老年人活动空间也成为居住区景观设计中的一个重要环节。老年人活动空间主要用于老年人的休闲、娱乐、交流和锻炼，从场地选址、布局，到无障碍细部设计，都应当关注老年人对安全、舒适、便利等方面的特殊需求，着重体现人性化、功能化和审美化的特点，一方面要满足老年人的实际需要，另一方面要提高社区的整体形象和品质。

2.2.4.1 老年人活动空间选址与布局

（1）老年人活动空间选址

老年人活动空间的选址应考虑到以下因素：

① 安全性 老年人活动空间选址首先应当保证老年人的安全，不宜把活动场地设置在与居住区内车行道的交叉口相连接的空间区域；同时应尽量避开紧邻居住区外界的城市道路，不可避免时应设置一些可以降噪或阻挡的景观等来减少外界的干扰；场地应避免高差竖向变化过大的区域，要求平整无障碍（图 2-2-40）。

图 2-2-40 平坦、防滑的地面

图 2-2-41 私密性较强的活动场地

② 私密性 老年人活动场地宜选择较有静谧感的区域。如 L 形建筑两翼围合的空间，其私密性较强，具有安全感，是老年人喜欢逗留的场所（图 2-2-41）。老年人活动场地可结合居住区中心绿地设置，也可与相关健身设施合建。

③ 易达性 老年人活动场地需考虑人流来向，设计应使到达场地的步行方式便捷，但周围不应被小区主要交通道路围合，并且在场地内不允许有机动车和非机动车穿越，以保证老年人出行的安全。

④ 舒适性 舒适性也是老年人的普遍要求。老年人因对空气质量、温度、湿度等更为敏感，所以对于舒适度要求更高。老年人活动空间应保证良好的物理条件（光照、通风等），活动场地应设置在日照充足、通风良好、避免穿堂风，且有一定遮挡的区域。

（2）老年人活动空间布局

老年人活动空间的布局应结合居住区的规划结构进行全面的考虑，从小区的入口到中心绿地、组团绿地、宅间绿地等各个不同级别相互联系，使得老年人日常户外活动场所能在居住区内较均匀分布。此外，由于老年人生理特征以及心理特征的变化，还需从以下几个角度去考虑：

① 公共空间承载多功能需求　结合老年人日常活动的多元化需求，在中心景观与组团花园绿地等居住区公共区域，选择适宜场地设立专门的老人活动区。此类场地需考虑空间承载功能的多元化，例如设计动静分区，动态和静态的区域可相互关联又相互独立：动态的空间主要引导老人进行健身，如舞蹈、太极拳等活动，要提供足够宽敞的活动区域，同时配备多样的健身设施（如单杠、压腿架、转轮等）以便老年人进行多样化选择；静态区域可设置座椅、棋牌桌等设施，满足老年人下棋、打牌等休息、交流互动需求，外围最好利用植物围合，降尘降噪、提高场地的生态性，同时又能增强安全属性。

② 宅前空间强调私密性与庇护　一部分老年人的身体机能下降，行动不便，尤其是年纪稍大和身体较弱的老年人，他们的户外活动往往都在宅前，不愿走远，一般都是在此类空间晒太阳、聊天、赏景等。因此，宅前的小尺度空间应该为老年人提供相对私密、安静又有安全感的休憩场所，利用场地围合，形成亲切、怡人的庇护性小空间。设计中可结合景观小品，设置舒适的休息座椅、种植池、低矮的挡土墙、景亭等。另外，建筑物的出入口应当考虑休息等候区域，留出充足的空间以确保进出建筑物的老年人的安全和便利；出入口可设遮蔽恶劣天气的顶盖，为老年人提供庇护。

③ 满足亲子看护需求　亲子互动在居住区是常能见到的景象。青年群体工作后，儿童多为老年人密切照顾，因此，可将部分活动场地设置在居住区内的儿童活动空间等区域一侧。这样不但可以让老年人接近儿童活动的区域，儿童也在老年人的视线范围内活动，得到良好的看护和照顾。

2.2.4.2　老年人活动空间设计要点

（1）关照老年人心理需求

① 提高安全感　随着生理机能的退化，老年人对自身安全的保障能力以及对生活环境的适应能力开始逐渐降低，心理安全感也逐渐降低。在老年人居住环境中，需要通过强化无障碍设计、改善景观空间、选择合适的色彩等方法，提供具有安全感的户外活动环境。

② 增强归属感　归属感是老年人在居住区环境中最需要的一种情感，它是人作为社会中的个体融入社会或某个集体的心理感受。老年人希望被其他人肯定、接受，并且能够成为社会或团体的一分子来体现自我的价值和存在感。设计中应当多提供能够容纳社区性活动和良好交流的活动空间，把老年人聚集到一起，通过互相之间的沟通来寻求归属感。另外，在具体的绿化设计、雕塑小品等方面，更多地运用承载城市记忆、有亲切感的地方特色植物、地域乡土植物，选择具有传统文化内涵的雕塑小品等设计来增强老年人的归属感。

（2）活动设施布置要求

① 健身步道　散步与慢跑是老年人锻炼的重要方式，居住区内的步道和慢跑道设计要关注老年人的需求：步道的宽度要求至少 1.5m，可以保证轮椅和步行者并排通过，同时路面材料使用防滑防水材料，保证路面的安全；在道路的转角处应设置明显的指示标志，便于老年人寻找方向。老年人活动空间的健身步道和慢跑道应该考虑到老年人的身体状况，设置不同难度和长度以便于老年人能够根据身体状况选择合适的健身方式。另外，在步道和慢跑道上每隔一段可以标出距离，利于老年人给自己制定锻炼目标；同时周围应多设置一些休息空间，以便于老年人身体不适时能快速离开进行短暂休息。

② 健身设施　健身设施应当包括多种适合老年人使用的器械。根据老年人的身体特点，设置适合老人锻炼的设备，包括低碰撞的娱乐器材、体育用品和园艺设施等，如腿部训练

器、下肢深蹲器、背部伸展器等健身器材（图 2-2-42）。这些器械应当易于操作和调整，以适应老年人的需求。同时，设施上应该有清晰的使用说明和示范图，帮助老年人正确使用。

③ 休憩设施　休憩设施以各种类型的休息座椅为主。依据人体工程学以及老年人的切实感受，一般座椅的高度不能太低，座椅过矮会导致老年人坐下、起身的不便性，过高又不能完全达到休息的目的，宜在 45～50cm 之间，座椅两侧最好设置扶手（图 2-2-43）。扶手要采用结实且耐磨、防滑的材料，像木质或者热导率低、质地比较柔软的材料（图 2-2-44）。

图 2-2-42　健身器材

图 2-2-43　带有扶手的座椅

图 2-2-44　木质树池坐凳

④ 铺装材料　对于老年人而言，各种场地设施使用过程中的安全性应是设计中首要考虑的重点。结合老年人的身体情况，地面铺装不宜使用较光滑的材质，应选用毛面且具有防滑性能的材料（图 2-2-45），以避免因选材不当造成伤害。可以选用没有反光效果的砖块，防止出现眩晕的问题（图 2-2-46）。铺设的样式也可以丰富多变，采用各种铺装手法、利用不同材质拼接、采用强烈对比的色彩，创造别具一格的铺地，使老年人心情愉悦，更加热爱活动。

⑤ 无障碍设计　老年人活动空间应当采用无障碍设计，包括细部设计和识别标识系统，以帮助老年人等弱势群体进行无障碍的自由活动。居住区当中的无障碍通道和无障碍设施应系统、连续，从楼栋出入口到室外活动场地、公共服务设施和居住区大门等重要空间节点间形成完整的无障碍通路，并与城市的无障碍系统顺畅连接，以满足老年人的无障碍出行需求。

a. 无障碍设计细节　居住区景观的无障碍设计中，应当对出入口、坡道、道路、台阶等细部内容进行设计。在居住区景观出入口的设计中应设置提示内容，道路宽度在 1200mm 以上，在有地形高差的地方将坡度控制在 1∶12 以下，如必须设置台阶，台阶数量最少 3 级，避免太少而不易识别；在坡道道路旁增加适合轮椅老人和正常老人的两层安全扶手装置，坡道地面的材料选择防滑材料（图 2-2-47）。在居住区景观出入口、单元出入口等位置，应当设计至少 1500mm×1500mm 的水平平台，方便轮椅老人停靠。

图 2-2-45　EPDM 塑胶铺装

图 2-2-46　平整、防滑和无强烈反光的仿石铺砖

图 2-2-47　无障碍坡道，两侧带有扶手，地面采用防滑材料

b. 识别标识　居住区内应当设置无障碍方向导视系统（图 2-2-48），系统以图标设计为主，要做到醒目，且能够使人快速找到所指引的位置，因此在设计时采用的颜色可与周围的色彩区分开，根据周围环境合理安放，配合多媒体的使用，能够发挥出更好的视觉效果。活动设施应有显著的标识，以便老年人能够方便地找到所需设施。标识应使用大字体和清晰图标，以适应老年人视力的变化。标识应设置在易于辨别的位置，如设施入口、出口等地方。

图 2-2-48　无障碍坡道标识

居住区的可识别性变得越来越重要。在居住区的室外环境中可运用多种具有识别性的设计。除了标识系统之外，还可利用设计和造景手段增加标识性，例如可在不同楼栋入口处采用不同颜色的铺装来加以区分，方便老人辨识，或增加不同主题的入户花园，打造独特的入户体验。

2.2.5 居住区运动空间

居住区运动空间是指位于社区内部的公共户外运动场所（图 2-2-49），为居民提供各种户外运动和健身活动的场地，如篮球场、排球场、羽毛球场、慢跑步道、健身器材区等。这些场所可以根据居民的需求和喜好进行设置，以满足不同年龄、不同性别、不同兴趣爱好的居民的需求。

图 2-2-49 居住区运动空间

图 2-2-50 居住区运动空间选址

2.2.5.1 居住区运动空间选址

居住区运动空间的选址与布局是居住区运动空间设计中至关重要的环节。选址要考虑到社区规模、居民的运动需求、空间要求与周边环境等因素，要合理布局，避免拥挤和安全隐患。

由于运动空间对住户会产生一定的噪声干扰，可分散安排在住宅建筑的山墙面等对居民影响较小的场所，或在居住区中选择一定区域集中布置；要远离机动车道以及道路交叉口，尽量将场地设在避风的位置，以减少对运动效果的干扰（图 2-2-50）。同时要注意满足各类运动场所对空间尺度的要求，例如在有条件时应按照国内或国际规格设置标准尺寸的运动场地。网球场、羽毛球场、篮球场等专类运动场呈长方形，其长边应尽量按南北方向布置，以减少太阳光对人眼的刺激。

2.2.5.2 居住区运动空间设计要点

居住区运动空间的设计要点包括场地功能选择、器械锻炼区设计、慢跑道配置，以及灯光、绿化、铺装材料等方面。

（1）场地功能选择

居住区运动空间设计在空间和成本允许的条件下，应该尽可能实现多样化场地功能，慢跑道和各类健身器材区为必要配置（图 2-2-51）。除此之外，一般社区可选择羽毛球场、乒乓球场、篮球场等运动场地，大型高端社区可选择网球场。多元化的场地可以使居民有更多的选择余地，以满足不同年龄、不同兴趣爱好的居民的需求，提高居民的身体素质和健康水平，同时也可以促进社区的融合发展。

（2）器械锻炼区设计

除了各类球场以外，还应当设置器械锻炼区。器械锻炼区应当有顺畅安全的活动流线，局部设置运动交流休息区，布置休息座椅、洗手池、遮阴廊架等休闲设施，兼顾交流与休闲功能；场地四周可种植乔木、灌木来打造多层次绿化景观，既降低风对球类运动的影响，同时也能降低对周边住户的噪声影响。

（3）慢跑道配置

居住区运动空间应当设置慢跑道。慢跑道需宽敞、平坦、舒适，具体可以从形式、空间

图 2-2-51　各类球场、慢跑道以及健身器材区

尺度、色彩和材料等方面进行设计。另外，慢跑道应当设置标志和指示牌，提示慢跑道的方向和长度。

① 跑道形式　慢跑道的形式应当与周边环境相协调，同时能够满足慢跑锻炼的需求。根据空间规划，采取不同设计形式，如：曲线、直线或者环型（图 2-2-52）。具体设计中要注意以下几个方面：

a. 慢跑道的形式应当与周边的建筑、景观相协调，营造出和谐的整体环境。如有足够空间，应考虑大、小跑环的设计。

b. 慢跑道应设置起跑区、中途休息点、测距标识等。

c. 慢跑道的形式应当清晰明了，方便人们使用，同时能够减少安全隐患。

d. 慢跑道的形式应当能够合理分隔空间，避免与其他活动空间的冲突。

e. 借用小区车行道的跑道，其后期管理应做到人车分流，避免交通隐患；借用园路部分的跑道，不可出现短距离内连续 S 形急弯，且转弯半径需大于 3m。

图 2-2-52　环型、直线型、曲线型慢跑道

② 跑道空间尺度　慢跑道应当具有合理的比例和尺寸：

a. 宽度　慢跑道的宽度应当适中，一般在 2～3m 之间。过窄的慢跑道容易导致人员拥挤，过宽则浪费空间。

b. 长度　居住区的跑道长度根据居住区规模，一般设置在 500～1000m 之间。过短的慢跑道难以满足人们进行长时间锻炼的需要，过长则不利于安全管理。

c. 坡度　慢跑道的坡度一般在 2%～3%之间。过大的坡度容易导致人员疲劳，过小则难以锻炼肌肉。

③ 色彩与材料　慢跑道的色彩应当与周边环境协调，避免与其他场地产生冲突，同时能够营造出愉悦的锻炼氛围，增强人们的锻炼意愿。另外，所选择的色彩应当能够提高人们的警觉性，防止安全事故的发生。慢跑道的材料应当具有耐用、防滑、环保等特点，避免在雨天等湿滑的情况下发生安全事故。目前常选用 EPDM 橡胶颗粒材料铺设跑道。

（4）灯光

居住区运动空间需要良好的灯光设置，为社区居民提供更加安全的运动环境。器械运动区基本照明可选用庭院灯，要充分考虑居民的运动视线，光度要更充足，光线均匀、避免刺眼，防止眩光；安装时应尽量选择高度适中的位置，以便将光线均匀照射到整个运动场地上。各类球场照明根据相关规范要求，选用专用的球场灯。慢跑道可采用 LED 感应式嵌地灯或草坪灯结合庭院灯布置方式。

（5）绿化

居住区户外运动空间绿化适宜在外围进行乔木、灌木、草坪多层次绿化景观围合，可根据居住区户外运动空间的大小、形状和周围环境的情况进行合理布局（图 2-2-53）。应尽可能选择适应性强、环保性好，无毒、无害、不易引起过敏的景观植物。另外，要着重考虑植物的高度和密度：高度应当与运动环境相协调，不影响视线，一些较高的树木应种植在较外围的区域（图 2-2-54）；在种植密度上，一般来说，居住区户外运动空间植物密度应该适中，不宜过于稠密。

图 2-2-53　居住区运动空间的绿化（一）

图 2-2-54　居住区运动空间的绿化（二）

（6）铺装材料

居住区户外运动空间的铺装材料的选择非常重要，会直接影响到人们在运动过程中的体验和安全。铺装材料应该具备耐用、防滑、易于清洁等特点，同时还要考虑材料的环保性和美观性等因素。

① 耐磨性　户外运动场地的使用频率很高，所以其铺装材料需要具有较高的耐磨性，能够承受日常的磨损和摩擦。常见的耐磨材料有花岗岩、石英岩等，这些材料具有硬度高、耐磨性好等特点，且易于清洁，可以在户外运动场地中使用，但要注意表面要进行斧凿、拉杠等防滑处理。

② 防滑性　户外运动场地的地面经常会有雨水、露水等湿气，所以其铺装材料需要具有良好的防滑性，防止人员在运动过程中滑倒。常见的防滑材料有橡胶材料。橡胶材料除了具备良好防滑性以外，柔软性也较好，可以减少运动中的冲击力，对于一些高强度运动尤其适用。

总之，居住区户外运动空间应当为居民提供一个舒适、安全、多样化的运动环境。要满足不同年龄、不同群体的居民需求，通过设计不同大小和类型的运动空间，提供不同种类的设施和器材，使居民能够根据自己的偏好和能力选择合适的运动方式。此外，户外运动空间的设计应该充分利用景观要素，如铺装、灯具、植物等进行搭配，使运动环境更加舒适美观。

2.2.6 组团绿地与宅间绿地

2.2.6.1 组团绿地景观

组团绿地景观一般为小区内几栋住宅组团之间相对集中的块状或带状用地，作为中心景观的扩展与补充，能够缩短中心景观至小区各个方向的服务距离。根据居住区面积规模与规划形式，较大的小区一般形成中心—组团—宅前的三级绿地景观系统，而规模较小的居住区可以直接形成中心—宅前的二级绿地景观系统。

组团绿地景观是直接联系住宅的公共绿地，结合居住建筑组团布置，服务对象是组团内居民。组团绿地景观规划形式多样，内容丰富，一般为绿化、铺装、水景相结合的小游园形式，特别适合就近为组团内老人和儿童提供户外活动的场所，服务半径小，使用效率高，形成居住建筑组群的共享空间。

常见的组团绿地布局形式有以下几种：庭院式组团绿地，林荫道式组团绿地、山墙间组团绿地，结合公共建筑、社区中心的组团绿地。各自的配置要点如下。

① 庭院式组团绿地　庭院式组团绿地位于建筑组群围合的组团中间（图 2-2-55），平面多呈规则几何形，绿地的一边或两边与组团道路相邻，选择适宜的绿色植物，如花草、灌木等，栽种在庭院中，营造自然的绿意。如需塑造较强的庭院感，可以设置水池、假山、喷泉等，增加庭院的观赏性和休闲性。材料方面可以选择花岗石、木质板材等材料，铺设在地面，增加庭院的美观度。

图 2-2-55　庭院式组团绿地

② 林荫道式组团绿地　在组团的建筑组群布局时，结合组团道路或居住区主干道，扩大某一处住宅建筑间距，形成沿居住区主干道（或组团道路）较狭长的组团绿地（图 2-2-56）。这种组团绿地的平面形状改变了行列式布局的多层住宅间的室外空间狭长单调的格局，并且较为节约用地。

内部布局上大多采用规则式，沿组团绿地平面的长轴构成一定的景观序列，根据绿地长度和宽度布置数个各有特点、风格协调的活动场地；活动场地中需选择高大的树种，如梧桐、槐树等，栽种在林荫道两侧，形成绿荫。铺设宽敞的步行道，以便居民在林荫道上散步、跑步等。在林荫道两侧设置休息座椅、花坛、雕塑等，增加林荫道的美观性和实用性。

图 2-2-56　林荫道式组团绿地

图 2-2-57　山墙间组团绿地

③ 山墙间组团绿地　这种绿地的布局形式有效地改变了行列式布局的住宅建筑群山墙间仅有道路空间所形成的狭长的胡同状空间布局，而且组团绿地与宅间绿地互相渗透，扩大了组团绿地的空间范围。根据山墙间空间的大小和位置，可结合其周围的道路绿化和宅间绿地的绿化布置，利用乔木树丛疏导夏季气流，阻挡冬季北来寒风。山墙间的空间多是有一定高度差的，可以利用高度差营造层次感，如通过设置小亭子、石凳等，在不同高度上创造层次感（图 2-2-57）。

④ 结合公共建筑、社区中心的组团绿地　居住区内公共建筑、社区中心的院落和场地，如幼儿园、社区中心、居住区出入口周围的绿地，除了按所属建筑、设施的功能要求和环境特点进行绿化布置外，还应与居住区整体环境的绿化相联系，通过绿化来协调居住区各种不同功能的建筑、区域之间的景观及空间关系。

2.2.6.2　宅间绿地景观

宅间绿地景观是住宅小区绿化的最基本单元，与居民各种日常生活息息相关，一般以绿化为主，也可设置小型的儿童活动、晨练健身以及交往休息空间。宅间绿地景观应结合住宅的类型以及平面特点、建筑组合形式、宅前道路等因素创造庭院绿化景观（图 2-2-58）。

图 2-2-58　宅间绿地景观

（1）宅间绿地景观的特点

① 多功能性　居民在这里进行邻里交往，开展各种活动。宅间的绿化布置可创造住宅区的生活气息，改变现代住宅楼封闭疏远的人际环境，同时又是改善生态环境，为居民提供清新空气和优美、舒适居住条件的重要因素。

② 领有性　领有性是宅间绿地的被占有与被使用的特性。领有的强弱取决于使用者的占用程度和使用时间的长短。根据不同的领有性，宅间绿地大体可分为三种形态：私人领有、集体领有、公共领有。不同的领有形态下，居民所具有的领有意识也不尽相同。离家门愈近的绿地，领有意识愈强，反之愈弱。而通过植物疏密与高低的搭配，创造各种或封闭或开敞的植物空间，使不同的领有性得到应有的维护。

③ 灵活性　宅间绿地布置模式多样，设计者可根据住宅区的气候条件、地理条件自由布置。绿地采用开放式的形式，能够在有限的空间内为居民提供实用、自然、温馨的休息

空间。

④ 制约性　宅间绿地的面积、形体、空间性质受地形、住宅间距、住宅组群形式等因素的制约。大多数住宅区采用行列式的布局，形成狭长、带状的绿地。宅间绿地的光照受建筑的影响，在南面存在阴影区。各种地下管线对植物的选择与布置也形成一定的制约。

（2）宅间绿地景观的功能布局模式

① 整体模式（图 2-2-59）　这类宅间绿地的空间宽敞，往往运用在面积较大的住宅小区内，整块布置与住宅贴合。从居民认知角度看，易于产生明确的边界和区域意象。这种模式较适用于低密度的居住小区。

② 带状模式（图 2-2-60）　这类宅间绿地以带状公共绿地形式贯穿居住区。这些公共绿地相互联系，成为纵贯小区的绿化带，带状绿地平行于住宅布置。这种模式下绿化带与住宅组群接触比较充分，宽窄变化比较灵活，绿化带方向与夏季主导风向一致，有利于通风，也便于居民形成明确的环境意象。

③ 密集模式（图 2-2-61）　这种模式是用地紧张的情况下的一种绿地分布模式。单块的绿地面积较小，紧密地布置在住宅的周围，绿地包围着住宅。在住宅高度密集的条件下，这种模式可以保证公共绿地均匀分布，适用于城市中心区附近用地紧张的住宅小区。

④ 散点模式（图 2-2-62）　这类宅间绿地模式与上一种模式有许多相似之处：面积较小的单块绿地分散地布置在住宅周围，绿地点缀在住宅四围。

⑤ 屋顶模式（图 2-2-63）　这类宅间绿地模式作为一种不占用地面土地的绿化形式，其应用越来越广泛。屋顶绿化可以增加住宅小区的绿地面积，改善人类生存环境。这种模式如果能很好地加以利用，从而形成城市的空中绿化系统，对城市环境的改善作用是不可估量的。

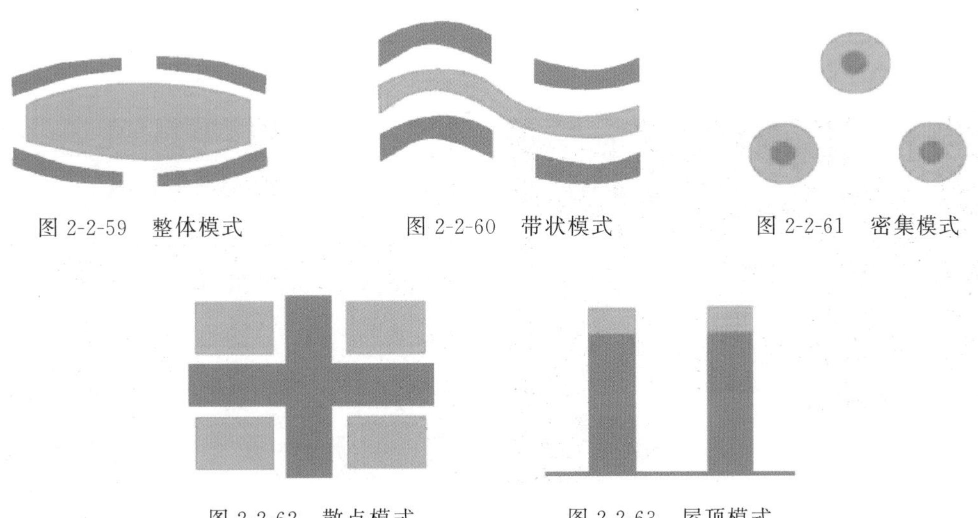

图 2-2-59　整体模式　　图 2-2-60　带状模式　　图 2-2-61　密集模式

图 2-2-62　散点模式　　图 2-2-63　屋顶模式

（3）宅间绿地景观配置要点

① 景观形式　宅间绿地景观应以绿化为主。整体模式与带状模式的宅间绿地面积相对较大，可适当布置静态、小尺寸的休憩场地与宅前小径，形成私密或半私密的景观空间形式，或就近安排老人与儿童活动场地。密集模式与散点模式下，住户密度大，宅间距离小，四周绿化以草坪为主，在草坪边缘种植灌木与花草，从而形成绿篱、围成院落或构成各种层次图案。进行绿化布置时要注意比例与空间尺度，避免由于树种选择不良而造成拥挤、狭窄

的不良心理感觉。树木的高度、大小要与场地的面积、建筑间距和层数相适应。

② 植物选择　宅间绿化树种的选择要体现多样化，以丰富绿化景观。宅间绿地内宜选择生长健壮、管理粗放、少病虫害、有地方特色的优良树种。行列式住宅容易造成单调感，不易辨认外形相同的住宅，因此可以一个行列选择一组不同的树种，例如根据开花期的早晚不同来选择代表树种，如蜡梅、迎春、连翘、山桃、榆叶梅、丁香等。将不同树种、不同的布置方式作为识别的标志，起到区别住宅单元的作用。另外，住宅周围常因建筑物的遮挡形成阴影区，树种的选择受到一定的限制，因此要注意耐阴植物的配置，以保证阴影部位良好的绿化效果，如栽植杜鹃、罗汉松、金丝桃等。

在植物选择上，还需要注意到植物的组合搭配。不同的植物具有不同的特点，在组合搭配时，需要考虑到植物的色彩、形状和大小等因素，以达到最好的视觉效果。宅间绿地中的树木分枝点宜低，使人的视线封闭在一层左右高度，能够减轻高层住宅巨大体量带来的压迫感。树木不应过密或太靠近住宅，以免影响低层用户通风和采光。宅间绿地适宜以灌木为主，适当运用乔木，减少对住宅的视线干扰，保持私密性。

③ 构筑要素　宅间绿地景观构筑要素适宜结合小节点以及休闲场地布置，主要运用亭廊、花坛座椅等设施为居民提供近便的放松和休息空间（图 2-2-64）。设计中要注意风格与整体环境相统一、比例适宜、与建筑空间尺度协调；由于距离住宅较近，尽量避免大型构筑物；数量上要整体统筹，根据距离中心景观的远近来确定设施的多少，距离越远越应当增加设施数量，距离近则可以与中心广场或组团绿地景观设施结合利用，适当减少数量。在宅间绿地景观也可以适当布置小型水景观，其位置应当选择在绿地花园的相对核心地带，适宜运用涌泉、喷泉盆等装饰性点状水景观，增强空间趣味性，同时满足居民的亲水互动与交流需要。

④ 照明与灯具　宅间绿化照明应当避免室外照明对居民室内环境的不良影响，尽量将灯具布置在道路远离住宅楼一侧的绿化带内。休闲场地适宜采用庭院灯与适量草坪灯相结合的方式进行灯光布置。

图 2-2-64　宅间花坛座椅

图 2-2-65　入户景观

2.2.7 单元入户空间

单元入户空间是指在各类型住宅建筑中，每个单元或每户进入住宅的门厅前场区域。通常每个住宅单元都有一个独立的入户空间，是人们接触住宅的临界点，也是住户进入自己住宅的主要通道，因此在入户空间外围通常需要塑造景观环境与入户门厅融合，形成入户形象和标志，同时保证入户安全和隐私（图 2-2-65）。

2.2.7.1 入户景观配置要点

（1）单元式入户景观配置要点（图 2-2-66）

单元式入户一般为多层、中高层建筑采用的中央进出的设计。单元的中央公共电梯厅往往作为住宅的大堂，应当与户外平台直接沟通，要考虑设置童车和残疾人轮椅的无障碍入户坡道；户外平台尺寸、铺装以及平台与外围道路的衔接应当与建筑材质、色彩以及门头体量相协调，可以利用花钵、景墙等元素强化入口空间。

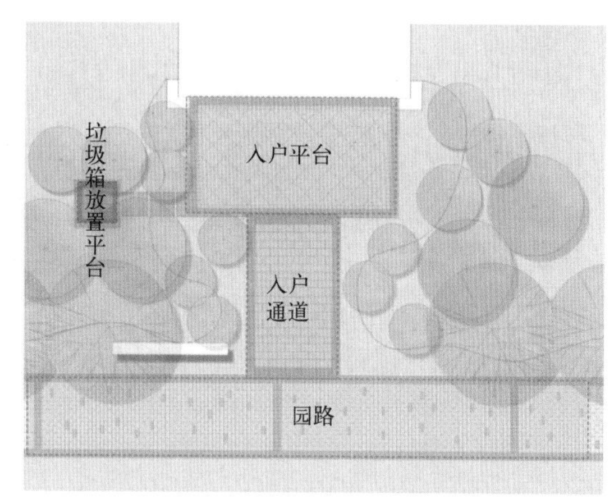

图 2-2-66 单元式入户平面图

（2）花园式入户景观配置要点（图 2-2-67）

花园式入户是别墅式高档住宅采用的设计，通常是独立入户，在入户门与客厅门之间设计一个类似玄关的花园，起到入户门与客厅的连接过渡作用。花园是户内私家花园，住户可以享受到更高的隐私和自由度，同时也可以获得更大的空间和更优质的居住环境。园外与公共空间衔接部分通常可以利用门墩、铁门和围栏的形式。要注意围合要素的运用与整体环境品质的统一，外围利用多层植物营造花园的私密性。

(a) 门墩、铁门和围栏

入户门廊 入户门廊

私家花园 私家花园

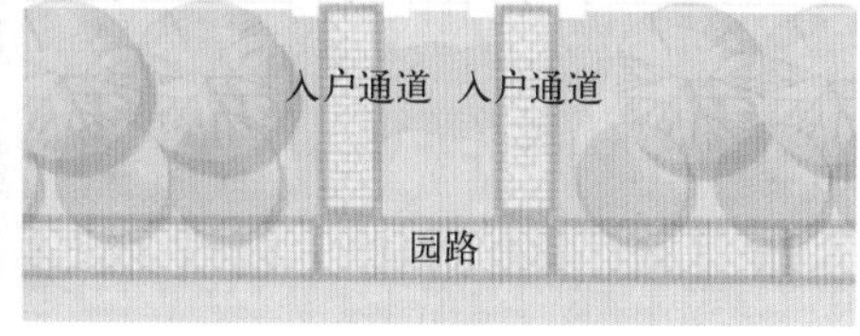

(b) 花园入户平面图

图 2-2-67 花园入户

2.2.7.2 单元式入户景观设计要素

单元式入户景观的设计要素主要包括植物、照明和硬质铺装等几个方面。

（1）植物营造

居住区单元入户的植物营造要注重对景与植物层次。可以考虑在入户门口的两侧对称式种植小乔木或灌木篱以营造入户仪式感；也可以错落搭配种植小乔木、地被灌木、地被花卉等，营造亲切与舒适的入户感受（图 2-2-68）。在植物选择方面，入户处不适合种植大乔木，

图 2-2-68　入户两侧绿化种植

避免大乔木阻碍日照，另外宜选择具有空气净化效果的植物，如玉兰、石楠等。

如果入户门附近有视觉隐私问题，可以考虑使用一些高大的绿篱植物，如竹子、北海道黄杨等进行视觉隔离，为居民创造相对私密的入户环境。

（2）照明设计

在居住区单元入户的设计中，照明设计尤为重要。可以考虑采用主灯和辅助灯的组合，灯光色彩以暖色调为主要选择。主灯常为庭院灯，提供基本的照明。辅助灯可以用于营造柔和的氛围，如草坪灯、墙面壁灯等（图 2-2-69）。

图 2-2-69　庭院灯、壁灯、草坪灯

（3）硬质铺装

单元入户门前的铺装可以选择耐磨、防滑的材料，如花岗岩、地砖等（图 2-2-70），以提高居民进出的安全性。铺装材料的颜色要与周围的环境相协调，常需要做出一定的铺装形式以与居住区道路进行区分。此外，还需在入户铺装一侧或者两侧设置排水沟和排水口，以确保雨水顺利排出，避免在门口出现积水。

图 2-2-70　花岗岩铺装

（4）无障碍通行

对具有一定高差的单元入户，需考虑童车、残疾人轮椅的无障碍入户。设置无障碍通道时，坡道宽度不小于 1.2m，在坡道起始点应留有净深度不小于 1.5m 的轮椅缓冲带，坡道两侧应在 0.9m 高处设置扶手，无障碍通道坡度≤8%。

总之，通过合理的植物选择、舒适的照明设计和安全美观的铺装材料，注重人性化细节，可创造出良好的入户环境。在实际设计中，还应根据居住区的具体情况和居民的需求进行综合考虑，以实现最佳效果。

2.2.8　宠物乐园

在居住区中，宠物乐园非小区必备，但随着社会发展，养宠物的家庭越来越多，居住区设计应当满足居民新的需求。有条件的居住区应当尽量设置宠物活动规范，减少邻里纠纷和干扰，体现关爱。

宠物乐园通常具备宠物活动以及宠物排泄物清洗等功能。不同的居住区规划所呈现的宠物乐园有所差别，其选址、空间尺度应结合居住区整体规划来配置。

2.2.8.1 宠物乐园选址与布局

（1）选址

宠物乐园不同于小区其他功能区域，其服务对象为饲养宠物的家庭，因此选址需要与居住楼栋保持一定的距离，避免对其他居民生活产生影响，尽量远离主要车行道及人行道路，避免宠物的出入对车辆及行人通行产生影响。

（2）布局

① 空间大小　宠物乐园的大小应该根据宠物的大小、种类、活动水平以及居住区环境和整体规划条件等因素进行合理的规划和设计。宠物乐园空间不宜过大，不可影响宅间绿化率。在高密度住宅区内，宠物乐园可采用小型空间分散布置，空间大到宠物在里面能够自由运动和玩耍即可。

② 空间划分　在居住区户外空间充足的情况下，宠物乐园可以根据宠物的种类和大小进行划分，以便宠物能够分开活动，避免发生冲突或者伤害。例如，大型犬和小型犬应该分开活动，猫和狗也应该分开活动。此外，宠物乐园还可以根据不同的活动类型进行划分，例如，可以设置训练区域、游戏区域、休息区域、清洗区域等（图 2-2-71）。在环境及成本有限的情况下，宠物乐园单设清洗区域即可。

图 2-2-71　宠物乐园空间划分

2.2.8.2 宠物乐园空间配置要点

（1）空间安全

宠物乐园应当围合管理，围栏应该牢固，避免宠物逃跑或者受伤。同时，避免设置尖锐物、易碎品、毒物等对宠物存在潜在危险的物品。此外，宠物乐园还应该设有监控设备，以便管理人员能够及时发现和处理问题。宠物乐园的管理人员应当具备专业知识和技能，能够为宠物提供及时、安全、有效的服务和管理。

（2）基本功能区

为了防止不同体形和品种的宠物发生冲突，有条件的宠物乐园可将场地按功能需要分为2～3个区域，包括大型宠物区域、小型宠物区域和训练区等。除预留一定空地外，训练区内部可设置训练宠物相关能力的器械，如绕桩、跳圈、平衡木等，各分区间采用围栏及灌木形成厚实的边界，防止宠物的跨越（图 2-2-72）。

（3）边界设计

由于宠物乐园内的宠物通常不需要用束缚带，因此围栏成为保障同一小区内其他居民安全的关键。宠物乐园的边界可用 1～1.4m 的固定围栏或灌木绿篱围合。出入口只设置一个，方便出入、便于管理，同时防止宠物扰民。

（4）铺装与绿化

宠物喜欢在大自然中活动，因此大面积草坪的铺设既可以让宠物能安心地活动，又可以与周边的自然环境相融合。但是考虑到不同位置的使用程度，人流特别多且使用频繁的区域需要有部分硬质铺装的设置，如出入口处。场地内乔木、灌木数量不宜过多，尽量保证有大

图 2-2-72　宠物乐园基本功能区

面积的开阔活动场地，而在行人休息区域附近可栽种几棵乔木起到遮阴作用。

（5）清洁区

清洁区应设有宠物厕所（图 2-2-73）与清洁设施，包括取水点、宠物粪便收集箱和沙地厕所。取水点为洗手和物业保洁所用。沙地厕所以沙池为主，设置边长 40cm 的沙池，上面铺设细沙，每日由物业专门人员进行清理，让宠物养成定点排便的习惯，保持社区卫生，且方便管理人员打扫。粪便收集箱设置于宠物乐园入口附近，方便收集。

（6）标识设计

宠物乐园应当有清晰的标识（图 2-2-74），采用鲜明、引人注意的颜色，也可使用宠物图案，例如狗或猫的图标，以便人们一目了然。标识要提供规则和注意事项，以便于人们了解如何正确使用宠物乐园以及须遵守的规定。

图 2-2-73　宠物厕所

图 2-2-74　宠物乐园标识

2.3　环境友好设计策略与智能化技术

随着社会发展、生活水平提高，居住区景观设计的关注点由满足基本功能，逐渐向贴心、舒适、健康、智能的目标不断地丰富和完善。围绕环境友好和智能化技术进行居住区设计规划、建设和更新，是当下居住区建设的重要关注点和发展方向。

所谓环境友好设计策略，是通过规划和设计来营造更高效、更积极、良性生态互动的居住区环境，而智能化技术则可优化服务，更好地支持各年龄阶段的居民享受生活、保持身心健康、积极参与社会活动。

2.3.1 环境友好设计策略

景观在给我们的生活带来美感和实用的同时，也是社区小环境以及城市大环境中一个不可或缺的生态元素。居住区景观设计通过植物的生态功能、环保材料、雨水海绵措施的运用等，在居住区形成环境友好、良性循环的生活与生态环境。

2.3.1.1 利用植物的生态功能

植物具有制氧、滤尘、遮阳、挡风、灭菌、防噪声、调节温度和湿度等生态优势。在居住区环境中利用植物改善生态环境，提高人们的生活舒适性，是创建环境友好型居住区的重要方式。

（1）植物选择

在植物选择上，适地适树是建设环境友好生态的最根本的原则和方法。

首先，要全面分析当地立地条件，确定当地制约一般树木生长的生态因子，慎重筛选符合当地气候及土壤生态条件的树木种类。一般来说，居住区环境中植物应以耐贫瘠、抗性强的乡土树种为主，结合部分速生树种，保证种植成活率和环境的及早成景。

其次，根据居住区绿化位置及功能需要，充分利用植物的防尘、防风、隔声、降温、改善小气候的作用。比如，居住区主要道路绿化树种应考虑：冠幅大、枝叶密、耐修剪、分枝点有一定高度、无飞毛、无毒、无刺、病虫害少的树种，如银杏、槐树、鹅掌楸等（图 2-3-1）。居住区外围可运用大叶女贞、雪松等树种形成生态林以防风滞尘。

图 2-3-1 银杏、槐树、鹅掌楸

另外，居住区中还可以选择一些有特殊功效的植物。这类植物的皮、枝、叶或花果在自然状态下能够挥发芳香物质，具有清新空气、调节精神状态的作用，在居住区场所中体现自然与人性化关怀。如桂花、栀子、含笑等传统的香花类植物（图 2-3-2），种植在老人或儿童活动区周围，既利于保健，又可调节身心，还可美化环境。

（2）种植结构

种植结构方面，要充分发挥居住区绿地的生态效益，根据所在地区的气候、土壤条件和自然植被分布特点，因地制宜，合理配置乔木、灌木、藤本植物、草本植物群落，速生与慢生相结合，构成多层次、有序、稳定的复合生态结构，并使之与其他景观元素一起构成舒适、和谐、人性化的居住环境。

2.3.1.2 运用环保材料

优质的环保材料能够提高景观设计的品质和美观度，减少对环境的污染和破坏。居住区

图 2-3-2 桂花、栀子、含笑

环保材料的运用主要包括天然材料、可降解材料、绿色建材等几个方面。

（1）天然材料

天然材料具有天然、环保、美观的特点，如天然木材、竹子、芦苇、石头等材料（图 2-3-3），不仅能够美化景观，还可以减少对环境的污染和破坏。同时，天然材料还具有良好的透气性、防水性和防腐性能，能够更好地适应不同的气候和环境。

图 2-3-3 天然材料所塑造的景观

（2）可降解材料

可降解材料是指在自然环境中可以被生物分解的材料，如树皮、松皮等，可用来覆土（图 2-3-4）。在居住区景观中，可降解材料可以用于绿化边界围合、树池的表面铺设，在起到防止水土流失作用的同时，也达到了美观趣味的装饰效果。

（3）绿色建材

绿色建材是指对环境和人健康无害的建筑材料，具有节能、减排、安全、便利和可循环等特征，如低碳环保砖、节能环保保温材料等。在居住区景观设计中应当利用绿色建材的可循环利用和可再生性能，减少对自然资源的依赖和环境污染，为居民提供舒适健康的生态友好型室外环境。如在场地铺装方面，选择利用生物质材料（包括农作物秸秆、稻壳、玉米芯等植物有机物）制造的新型木塑复合材料（图 2-3-5）、经久耐用的新型高性能混凝土材料；选择粉煤灰、矿渣灰以及混凝土空心砌块等作为墙体的环保材料，和绿色、无毒、无害的环保涂料与防水卷材等。另外，在设计和实施过程中，需要注重科学性和个性化，在性能、用途、安全和舒适度上，实现对人居环境的完善与调控，使之更加符合未来发展趋势与人们的

图 2-3-4 树皮、松皮等材料可用于景观覆土，以防止土壤外露、雨水冲刷

生活需求。

2.3.1.3 采取雨水海绵措施

居住区雨水海绵措施力求实现“降水—径流—下渗—循环利用”的生态循环，在改善城市生态景观的同时打造友好生态人居环境。主要措施包括：绿色屋顶、雨水花园、透水铺装、植草沟等。

图 2-3-5 新型木塑复合材料可用于景观铺装、栈桥等

（1）绿色屋顶

绿色屋顶是在建筑物屋顶上覆盖植被的设计形式，分为两类：承重绿化屋顶和浮动绿化屋顶。承重绿化屋顶是直接在屋顶结构上种植植物，而浮动绿化屋顶则是将种植层和保护层浮放在屋顶上。绿色屋顶通过植被吸收和蒸发雨水，减少雨水径流和排水系统的负荷，还可以隔热、隔声、吸收空气污染物。

（2）透水铺装

居住区的道路面积在小区中占比大。传统的居住区中道路常采用密实的铺面材料，雨水无法下渗，一般采用路边一侧或者两侧的排水沟来承载路面雨水的排放，再经由管道排向市政排水管网。这种做法很少考虑到雨水的利用和造景等生态功能。生态化雨水处理将利用透水砖、透水混凝土等透水铺装材料进行铺设，使雨水能够渗透到土壤中，利用周边设施消纳雨水，减少地表径流。

（3）植草沟

植草沟是在道路或人行道旁设置的带有植被的水沟，通常由防渗透材料和植被层构成。植草沟通过植被的根系和土壤的过滤作用，可以滞留和净化雨水，还能够增加绿化面积，改善居住区水环境质量，增加绿化覆盖率（图 2-3-6）。

（4）雨水花园

雨水花园是将雨水收集系统与绿地相结合的设计形式，具备雨水滞留、净化、渗透、收集等功能。通常，雨水花园还结合多样的造景手法增加其趣味性，并通过适宜的植物配植设计，营造层次丰富的雨水景观。

① 地形式雨水花园　地形式雨水花园利用地形的高差变化，确定雨水排放方向以及雨水收水口的布置点，结合植物、碎石或者水景等景观元素进行设计，有利于节约排水系统造

图 2-3-6　植草沟——道路排水景观化

价，同时又可以模拟自然排水的肌理，做到场地地形的充分利用、减少土方调运。

② 下沉式雨水花园　下沉式雨水花园由透水性好的土壤、植被和排水系统组成，利用下沉方式将雨水引导到地下进行储存、渗透和净化。下沉绿地可以汇集周边楼宇汇流而来的雨水，并在这里进行渗透，当水量达到设计溢水口时可通过溢水口自动排入管道。通过地下土壤储存的雨水能够补充地下水资源，有利于维持地下水位稳定（图 2-3-7）。

图 2-3-7　地形式和下沉式雨水花园

③ 雨水花园植物种植　雨水花园中的植物可以通过叶、茎、根对雨水进行阻隔和过滤，通过吸附作用对雨水中的颗粒物进行净化，从而提高水质；同时植物的搭配和色彩、质感等都是景观观赏性的影响因素。因此，植物对于雨水利用具有重要的价值，也是每一处设施景观化必不可少的元素。

雨水花园的特点是场地周围湿度大，所以进行植物搭配时也要选用当地抗性强、耐水湿的品种，同时又要注重景观效果和满足雨水净化等功能（图 2-3-8）。在缓冲区要选择耐冲刷、根系发达的植物，如许多草本植物枝叶茂密且韧性强，可以更好地减少雨水冲刷；在蓄水区选择耐水湿、耐淹没的植物品种，同时要具有一定的吸附和净化能力；在造景搭配区可选用造景效果好、管理粗放的品种进行搭配。设计时要根据居住区的地理条件进行选择和搭配，要考虑整体的种植风格和场地的需要进行种植，才能营造更加和谐优美的景观效果，达到在提高居住区雨水利用率的同时提升居住区景观品质的要求。

图 2-3-8　多层植物种植以减少雨水冲刷

2.3.2　智能化技术

随着科技的不断进步，居住区景观也在逐渐融入新型的科技元素，使居住环境更加便捷与人性化，实现“景观—人—科技”的全新交互。

2.3.2.1　设施智能交互式设计

居住区景观中的设施智能交互式设计，主要是指利用智能化技术来提高设施的交互性和智能化程度，使其更加符合居住者的需求和习惯。具体措施如下：

（1）智能照明系统（图 2-3-9）

在居住区景观中，智能照明系统可以根据不同的时间（如黎明，黄昏）、季节和天气等因素自动调节照明强度和颜色，提高居住者的舒适度和安全性。另外，人们还可以通过扫描二维码的方式控制灯光的强弱。

图 2-3-9　智能照明系统

（2）智能垃圾处理系统

在居住区景观中，智能垃圾处理系统可以自动识别和分类垃圾，并将其送到相应的处理设施中处理，提高垃圾处理的效率和环保程度。

（3）智能步道系统（图 2-3-10）

智能步道系统是一种智能化的健身景观，它可以记录居民在步道上行走过的路程以及消耗的能量等数据。居民在使用步道时，可以在打卡桩或者智能步道大屏幕上刷卡或扫码，从而显示居民在步道上的运动数据。

图 2-3-10　智能步道系统

（4）智能座椅（图 2-3-11）

智能座椅是一种智能化的休息设施，它可以在居民区的公共区域设置。居民可以在智能座椅上休息、放松，同时还可以通过智能化技术了解自己的健康数据，提高生活品质。

图 2-3-11　智能座椅

（5）其他交互设计

居住区内设施可采用智能交互设计，形成人与环境的良性互动。例如：在地面铺装以及绿篱植物内安装二维码装置，居民通过扫描二维码获取植物以及材料的相关信息；通过扫描的方式控制水景与人的互动等。

2.3.2.2　儿童活动区实时监控

（1）智能安全监控系统

在儿童活动区中，智能安全监控系统可以实时监控儿童的活动情况；提供云端观看功能，家长可随时通过手机、平板电脑等移动设备查看儿童情况，提高儿童的安全性和管理效率。

（2）环境监测系统

在儿童活动区中，环境监测系统可以实时监测空气质量、温度、湿度等环境因素，有助于提高儿童的舒适度和健康程度。

第3章 居住区景观要素设计

导言：居住区景观的组成包括物质要素与精神要素两方面。物质要素是基础，满足基本实用所需，同时通过风格、形式、意境等的创造，满足居民对于文化、地域特色、艺术审美等方面的精神需求。中国传统园林设计是将“天人合一，道法自然”的设计思想作为基础，促进园林景观与自然环境和谐统一。在现代的居住区景观设计和建造中，同样需要工匠们精益求精的态度、大胆改革创新的精神，以及锲而不舍的探索，这样才能将“造境”技艺发挥到极致。

3.1 居住区景观限制要素

居住区的景观设计受到一些限制性要素和要求的影响，比如车库出入口对交通的限制、车库与绿化面积的冲突、消防的条件，等等。这些限制性要素主要包括居住区的车库、车位和消防等几个方面，它们对于景观的建设提出了具体的限制和要求，扮演着指导和约束的角色。在设计时，设计师必须首先考虑并满足这些要求，在这些限制性条件和景观营造方面寻求一个平衡点，在合规的前提下为居民提供宜居、舒适而优美的生活空间。

居住区内的停车方式有地面停车、地下停车和半地下停车等几种形式，通常通过停车场或停车库来进行车辆停放。停车场和停车库与居住区的车行道直接相连，共同构成车行系统，其中涉及相关景观布置与处理。下面对各种停车情况分别予以说明。

3.1.1 地下停车库

地下停车库是指车库地坪低于室外地坪的高度超过其净高的1/2的停车库。地下停车库的设置对景观设计具有重要影响，需要考虑到车辆进出的便利性、出入口和通风采光井与景观元素的协调性、车库顶板的承载力以及排水能力，确保功能与美观的平衡。

（1）出入口

一般情况下，地下停车库车行出入口数量应不少于两个，在满足规划条件的前提下可设计单个出入口。单车道出入口宽度不小于4m，双车道出入口宽度不小于7m。另外，如果地下停车库出入口的坡道终点与市政道路相交，那么与市政道路的距离应该大于7.5m。

地下停车库应分别开设车行出入口与人行出入口。其中，车行出入口应选择较为隐蔽的位置与居住区车行道路连通，并且予以标示，辅以绿化修饰，降低其对环境的影响。地下停车库出入口如设置景观构架，则应具有挡雨作用，其高度应保证人员、车辆正常进出。车行出入口的最低点高度不得低于建筑地库口高度。人行出入口，一是可通过贯通车库与住宅的电梯设置，二是可通过车库的疏散楼梯间解决。楼梯间伸出车库顶面，可结合景观环境，作为建筑小品进行设计。为保障居民出入安全，地下停车库人行出入口因高差处理所设置的台阶应避免与外部车行道直接相接。出入口的形式应该简洁美观，并与整体风格匹配。如果没有特殊要求，宜优先选用钢结构加玻璃。总之，出入口的设计应该考虑到实用性、美观性和环保性等方面，以满足居住区对地下停车库出入口的需求。

（2）通风采光井

通风采光井是指位于地下停车库上方，通过井道或开放空间的形式引入新鲜空气和自然光线，以改善地下停车库内部环境的设施。通过其与地面景观的合理关联，可以更好地实现通风和采光。在设计中，可以通过在通风井周围设置绿化植物或利用景观元素来创造空气流动的路径，以促进通风。同时，可以利用通风采光井的开放部分结合环境处理成小品设施，如景观座椅、雕塑、绿化等，增加井的美观性和空间的舒适感，创造宜人的视觉效果。合理避让地面景观元素，通风采光井可以成为地下停车库与地面景观之间的有机连接，实现功能性与美观性的统一。

（3）覆土深度

地下停车库顶部覆土的厚度是关键点。覆土厚度受到三个因素的影响：政府规划部门对绿地指标的要求、绿化苗木生长的需求，以及室外场地排水及综合管网排布的要求。一般来说，地下停车库顶部的覆土厚度在1.2～1.5m。在一些严寒地区，地下停车库顶部的管线需要敷设在冻土层以下，雨污水也需要考虑，因此需要在地库内敷设管线以减少地库顶板覆土的厚度。

（4）排水处理

地下停车库顶部覆土的排水处理是一个非常重要的问题。为了避免覆土下的水流进地下停车库，以及满足植物种植的需求，在设计上需要采取一些措施来确保覆土的排水疏导。这些措施包括使用透水的覆土、设计适当的排水沟以及安装必要的地下管道等。如果排水不畅，覆土下的积水可能会引起植物烂根和地下停车库内的水患，导致车库设施受损。

（5）承载能力

在设计车库顶面的覆土时，需要考虑车库的承载能力。车库顶面的覆土和植物的压力必须小于车库顶板的承载能力，否则车库顶板可能会受到过大压力而发生变形或者破裂。

在实际工作中，景观设计人员应当与建筑和给排水专业人员充分沟通，根据车库顶板的承载能力、室外管线、地域特点、景观绿化的要求等协调确定覆土深度与排水方式。

注：

覆土厚度600～800mm，可栽植草皮、灌木等；覆土厚度800～1000mm，可栽植浅根乔木，可做水景；覆土厚度1000～1200mm，可栽植一般乔木，可做水景；覆土厚度1200～1500mm，地形可做出起伏，可种大型乔木，可做水景；覆土厚度大于1500mm，植栽不受限制。故依据景观效果的考虑，建议景观园林覆土厚度1200～1500mm。

3.1.2 地面停车位

地面停车位是指直接设置在居住区地表，以划线分割方式标明的停车设施。在居住区景观设计中，地面停车位的位置和布局需要与居住区的整体空间规划相协调。地面停车位尺寸、通行道路宽度等需要满足停车需求和交通规划的要求。这些功能需求可能限制了景观设计中其他元素的布置和选择，需要在满足停车需求的前提下，通过合理的布局和划分进行平衡和调整，创造出统一、和谐的景观效果。

3.1.2.1 地面停车位设计整体控制原则

居住区内的机动车停车库、停车场、停车位一般采用集中与分散相结合的规划布局方式，同时要设置步行系统与住宅出入口相联系，创造良好的居住环境。

在居住区地面停车系统的设计中，需要遵循整体控制原则：

① 为保证停车系统的便利性和实用性，应满足居民就近停车的需求，并尽量在规划许可范围内设置居住区外围的机动车环道，设置适当的停车位。

② 在设计停车位与建筑及各类活动场地的距离时，应保证 1.5m 以上的距离，并考虑绿化遮挡等措施，以保证停车系统与居住环境的协调性。

③ 停车位应尽量布置在主干道或组团车行道上，并选取日照等条件相对较差的位置，避免占据核心景观空间或正对入户单元等重要位置。

④ 在设计停车位时，需要考虑今后是否实际使用及物业管控等因素，确保停车位的实用性和管理的可行性。

3.1.2.2 地面停车位设计控制要点

（1）布置类型

① 集中停车场　集中停车场是指在居住区内划分出的供车辆露天停放的专属场地。优点是对居住环境的影响较低，建设费用较低，便于车辆管理；其劣势是占地面积较大，因而不宜过多采用。布置停车场时，首先应节约用地，合理安排车位与车行道，按需建设充电基础设施。此外，其周边应种植乔木、灌木，以减少对周围环境的空气污染与噪声干扰；停车场内宜做绿化种植，停车位可采取植草砖铺设，降低生硬感。

② 楼旁、路边就近停车位　楼旁、路边就近停车位指的是在住宅周边道路或楼房旁边设置的供车辆停放的临时停车位。当车行道能够到达住宅周边时，采取这种方式最方便，其劣势是容量小、占地多、妨碍交通，对周边环境影响较大，对于拥有较多车辆的中高层住宅居住区来说无法解决停车需求，需要建设停车库。因此，在按照地面停车率要求适度布置停车位的同时，应尽量选择住宅山墙旁等对居民影响较小的位置。

③ 无障碍停车位　无障碍停车位是指针对残疾人的特殊需求，在设计和设置停车位时，采用一系列的设施和措施，以便残疾人驾驶员能够方便、安全、舒适地进出车辆的停车位。无障碍停车位应宽敞，符合标准尺寸要求。停车场内的无障碍停车位数量占总停车位数的比例应不低于 1%。无障碍停车位应靠近出入口或电梯，方便残疾人驾驶员进出居住区。为确保安全和稳定，应具备足够的转弯半径和平缓的坡度。标识应明显可见，如地面标线和标牌，方便残疾人驾驶员识别。无障碍停车位应设有无障碍通道，满足规范要求，方便相关人员行走。

> 注：
>
> 《城市居住区规划设计标准》（GB 50180—2018）节选：
>
> 5.0.6.3 机动车停车场（库）应设置无障碍机动车位，并应为老年人、残疾人专用车等新型交通工具和辅助工具留有必要的发展余地。
>
> 5.0.6.6 新建居住区配建机动车停车位应具备充电基础设施安装条件。

④ 非机动车停靠点　非机动车停靠点应布置在交通便捷的地方，以方便居民停车。停靠点应设置在安全区域，避免妨碍交通，并确保非机动车的稳定停放，防止安全事故。设置自行车停车位时，应考虑业主入户门厅的观感，可结合植物进行遮挡，如有条件，可建造遮阳雨棚。

（2）停车位布置方式

机动车停车位的布置方式主要有平行式、垂直式和斜列式三种，如图 3-1-1 所示。

① 平行式停车位的优点是占地面积小，容易布置和规划；缺点是车位数量较少，车辆进出不方便。

② 垂直式停车位相对于平行式，停车位数量更多，进出方便，但占地面积更大，布置相对复杂。

③ 斜列式停车位分为 30°、45°和 60°三种不同角度的停放形式，具有停车位数量多、进出方便、布置灵活等优点，但车位宽度相对较小，不适合大型车辆。

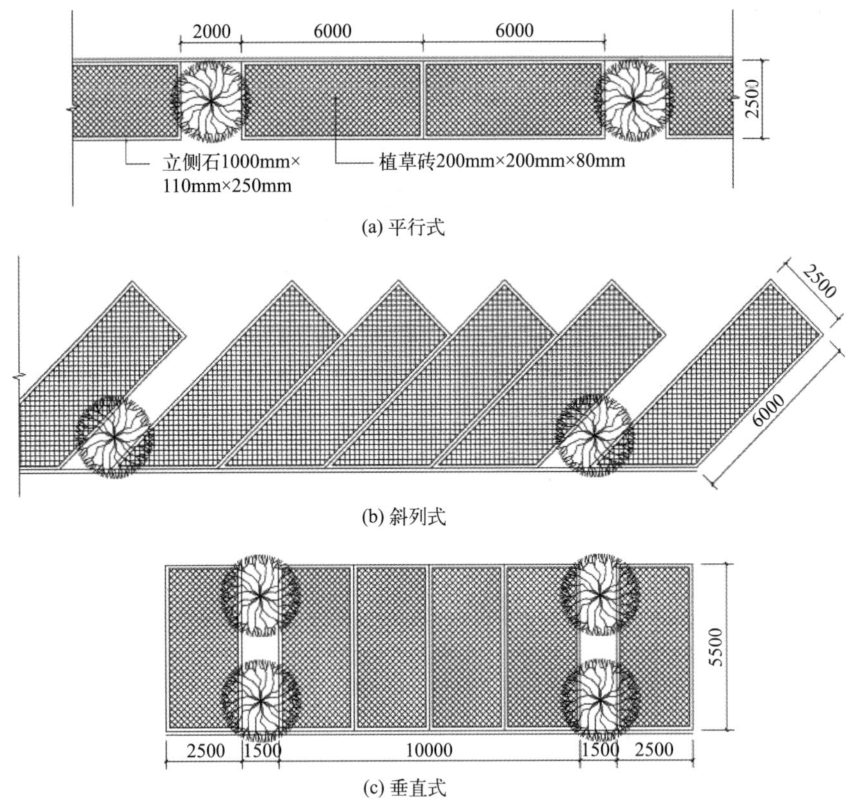

图 3-1-1　各类型停车位布置方式和尺寸要求（单位：mm）

平行式停车位尺寸一般为 2.5m×6m，垂直式停车位为 2.5m×5.3m。斜列式停车位的倾斜长度为 6m，宽度为 2.8m，两条倾斜线之间的垂直距离应保持在 2.5m。在布置机动车停车位时，还应注意合理规划车道宽度和转弯半径，保证车辆进出和行驶的便捷性和安全性。

机动车停车位的最小通车道宽度一般为 3.8m。对于垂直式停车位，其宽度不小于 5.5m。非机动车停车位的最小通车道宽度为 2m。此外，机动车垂直和倾斜式停车位最大连续面不得超过 6 个车位/组，平行式停车位最大连续面不得超过 3 个车位/组，每组间应通过绿化进行分隔。

每组机动车位间绿化种植的有效宽度应不小于 1.5m，同时种植时在贴路 1.5m 范围内应留出非植树区，以保证行车安全视距。此外，为了美化环境，建议在绿化区内种植多样化的植物，以增强景观效果。因此，在地面停车位规划与设计时，需要考虑这些细节问题，从而为车辆提供更加舒适、安全的停车环境。

3.1.3　消防车道及登高场地

消防车道是指为了保障居民生命财产安全，一旦发生火灾等紧急情况时，消防车辆和消防人员可以快速进入并扑灭火灾的道路。消防登高场地即消防登高车作业场地，或消防扑救场地，是指在火灾发生后，需要使用登高消防车作业进行救人和灭火时，要提供的登高消防车停车和作业的场地。

消防车道和登高场地是确保居住区安全的关键要素，必须符合消防安全规范和标准，需要一定的空间来保证通行的宽度和高度，因此会占用一定的地面面积。在设计中需要在规划和布局时留出足够的空间，确保消防车道及登高场地的合规性和有效性。在此基础上，其布置和设计需要与整体景观融合，在确保消防安全的同时提升居住区的美观性。

（1）消防车道及登高场地设计整体控制原则

① 消防车道的设计应考虑使消防车辆和消防人员的通行保持畅通，能够方便地进出消防车辆。消防登高场地应尽可能地靠近消防车道，场地大小符合当地消防部门的规定，有充足的空间以确保消防车能够在场地内转弯和掉头。

② 消防车道及登高场地的坡度和材质也应考虑到消防车的需求，以便在不同天气和路面条件下使用；同时应该考虑材料的防滑性能，以确保消防人员的安全。

③ 考虑到安全和可靠性，消防车道及登高场地应该能够承受消防车的重量和负荷，以确保在紧急情况下消防车能够顺利地进入和离开居住区。

④ 消防登高场地应视野开阔，使消防人员能够清晰地看到周围的情况；同时应该考虑到消防人员的安全距离，以确保在紧急情况下的安全性。

⑤ 消防车道及登高场地应注重美观性和实用性的平衡，将场地融入到居住区的整体环境中，提升居住区的宜居性。

（2）消防车道设计控制要点

① 消防车道的净宽度和净空高度均不应小于 4.0m。消防车道应该连贯成一系统，可以使用居住区道路，也可单独设置。

② 为确保通行畅通便利，应减少景观装饰物的设置。

③ 当与居住区道路合并使用时，可采取隐蔽方式。在符合当地规划部门许可的情况下，可在 4m 宽的消防车道范围内种植不妨碍消防车通行的草坪、花卉，铺设人行步道，只在应急时供消防车使用。

④ 消防车道的地面和侧墙的材料需要考虑到安全性和防火性能。建议采用防火性能好、抗压性能强的材料，如水泥、石材等。石材的厚度要满足车行要求。

⑤ 在消防车道两侧设置消防车道标志和警示标志，以便于消防车辆和人员准确定位通道位置。这些标志应具有美观大方的设计，同时也要确保标志的可识别性和辨识度高。

⑥ 消防回车场地是消防车道的组成部分。当车行道以尽端方式结束时，就需要在尽端处设置回车场地，其尺寸不应小于 12m×12m。

⑦ 消防通道的坡度不宜大于 8%。

（3）消防登高场地设计控制要点

① 消防登高场地可结合消防车道布置，与建筑外墙的距离不宜小于 5m 且不大于 10m，场地的坡度不宜大于 3%。

② 建筑高度不大于 50m 的建筑，上述布置确有困难时，可在其登高面范围内确定一块或若干块消防登高场地，间隔距离不应大于 30m。

③ 消防登高场地的面积不应小于 15m×10m（长×宽），其最外一点至建筑登高面边缘的水平距离不应大于 15m。

3.2 地形与排水

地形，直观讲即土地的形态，它是我们在居住区这个人造的物质空间中赖以生存和发展的基址要素，也是在城市物质空间规划和土地使用布局中最为重要和最先面对的设计要素之一。在居住区景观设计中，地形划分和组织空间构成整个场地的空间骨架，在空间视觉、景观营造、小气候调节和组织排水中起到重要作用。场地内所有设计要素和外加在景观中的其他因素（包括植物、铺装、水体和建筑等）都在某种程度上依赖地形，并与之相联系，地形对这些要素起支配作用。

因此，在居住区景观设计的过程中要重视地形对居住区景观的塑造，在解决实际高程和排水问题时，既要满足场地的功能性要求，又要更好地将环境品质和整体景观效果融合，使其在合乎场地地形的基础上更具有美感和生态价值。

3.2.1 居住区地形基本特征

（1）居住区景观地貌形态

地貌形态就是地面的实际形状或地面的基本面貌。在我国居住区景观中，常见的地貌形态主要有五类，即：丘山地貌、岩溶地貌、平原地貌、海岸地貌和流水地貌。这些地貌形态各有其特征。

我国居住区地貌主要以平原地貌为主，其他类型为辅（图 3-2-1）。如浙江杭州的万科中央公园居住区的地貌类型为平原地貌，场地整体无明显高差，地形以平地为主，整体场地开敞且舒展，便于居民通行、集散和居住。

图 3-2-1 平原地貌居住区

居住区的地形一般可分为以下几类：

① 平地 为了方便居住区居民集散活动等需要，居住区内常常会布置一些大大小小的广场平地（图 3-2-2）。

图 3-2-2 平地地形

图 3-2-3 坡地地形

图 3-2-4 台地地形

② 坡地 居住区基地可能会有多种地形变化。它可能是向内凹陷的用地、向外凸起而高出平地的用地，也有可能是位于边远地区、坡度变化较大的用地（图 3-2-3）。

③ 台地 为了营造丰富的地形或顺应自然地势的变化，常常会在两个高差面之间，用一系列长长短短的台阶相连（图 3-2-4）。

（2）地形平面要素

地形平面要素主要有地面分割要素和平面形状要素两类。在居住区景观地形构成中，平面形状要素指地表的平面形状是由各种分割要素进行分割而形成的。从地块的平面形状来说，除了圆形场地外，长方形、条状、带状及各种自然形状的地块，都有一定的方向性。地面分割要素存在自然条件分割和人工条件分割两种。

① 自然条件分割是指地面上由两个方向相反的坡面交

接而形成的线状地带，可构成分水线和汇水线，这两种分界线把地貌分割成为不同坡向、不同大小、不同形状的多块地面，各块地面的形状如何取决于分水线和汇水线的具体分布情况（图 3-2-5）。

② 人工条件分割是指在居住区景观的山地、丘陵和平地上，人工修建的园路、围墙、隔墙、排水沟渠等，也将居住区景观建设用地分割为大小不同、坡向变化、坡度各异的各块用地（图 3-2-6）。

图 3-2-5　自然条件分割

图 3-2-6　人工条件分割

3.2.2　居住区地形景观营造

地形作为户外空间最主要的基底构成要素，同时又具有非常易于塑造的物质特征。我们可以通过常规的施工手段将它打造为所需的形态，并赋予其潜在的美学特征。

居住区地形景观营造主要体现在视觉的空间互动性上。从人们的可见空间视域角度出发，通过视觉上的互动来创造多角度的居住区景观空间。有些景致“可望又可即”，可以通过步行等方式到达；还有些景致是“可望而不可即”的，只能欣赏但不能到达。由此，我们可以利用这些地形的特点，来营造符合人们审美的景致。

3.2.2.1　地形在居住区景观中的功能

（1）分隔空间

地形可以利用许多不同的方式创造和限制外部空间。居住区景观空间的形成可通过如下途径：对原基础平面进行挖方以降低平面；在原基础平面上添土进行造型；增加凸面地形上的高度，使空间完善；构筑成平台或改变水平面。如图 3-2-7 所示，四川成都某居住区通过在中心景观区下挖地面形成下沉广场，将空间分隔为景观区和会客区两部分，功能明确，层次丰富。合理利用地形来分隔空间，可以创造出多样化、功能丰富的居住区空间，提升整体品质和居住体验。

（2）控制视线

地形能在居住区景观设计中将视线导向某一特定点，影响某一固定点的可视景物和可见范围，形成连续观赏或景观序列，或完全封闭通向不悦景物的视线。由于空间的走向，人们的视线便沿着最小阻碍的方向通往开敞空间。为了能在景观环境中使视线无法停留在不悦景物上，我们可在视线的一侧或两侧将地形增高，视线两侧的较高地面犹如视野屏障，封锁了任何分散的视线，达到遮挡的目的。如图 3-2-8 所示，在居住区中设置的配电箱、地下车库出入口和地下车库通风井等在景观设计中都属于不悦景物，影响整体景观设计效果，对此可以采用抬高地形的方式搭配植物丛植，达到改善和遮挡不悦景物的效果，使景观空间更加和谐美观。

图 3-2-7　地形的分隔空间功能

图 3-2-8　地形的控制视线功能

（3）建立空间序列

交替地展现和屏蔽目标或景物的手法常被称为“断续观察”或“渐次显示”：随着视线的移动，通过路线的组织安排把不同的景观组成连续的景观序列，成为一种动态的连续构图，以获得良好的动态观赏效果。可以利用地形将人的视线进行合理的封锁和集中，以强调设计中的主要景观目标，如将主要景观布置在地形的制高点上来对其进行视线的集中和强调；也可以利用地形将人的视线进行适度的遮挡和透空，以便形成类似于古典园林中强调的障景、框景和漏景，从而达到步移景异的空间效果；同样，还可以利用地形将并不优美的景色进行必要的屏蔽和隐藏，从而限制不利因素的出现，提升景观的空间品质。如图 3-2-9 所示，在步行道路两侧布置抬高的微地形，屏蔽了两侧的围墙和建筑，将视线集中在园路上，把行人的关注点引导到前方特定的目标上。

图 3-2-9　地形的建立空间序列功能

（4）影响路线和速度

在居住区景观设计中，地形可被用来影响行人和车辆通行的方向、速度和节奏。可以通过控制人的行走路线和观景视线来满足一定的造景需要。一般说来，通行总是在阻力最小的道路上进行，从地形的角度来说，就是在相对平坦、无障碍物的路线上进行。因此，在设计时，居住区的主要通行路线通常选择最为平缓的一条。不同的地形中会选择不同的路线形式，地形和路线形式影响着行走的速度。如图 3-2-10 所示，台地地形在设计时通常选择结合台阶踏步的形式，这使得行人的速度相对缓慢，在空间中停留的时间也相对更久，因此此处的景观层次也更丰富，保证一定的观赏性。

（5）改善小气候

地形在居住区景观设计中可用于改善小气候。从采光方面来说，为了使某一区域能够受到冬季阳光的直接照射，并使该区域温度升高，该区域就应使用朝南的坡向。地形的正确使用可形成充分采光聚热的南向地势，从而使各空间在一年中大部分时间都保持较温暖和宜人的状态。从风的角度而言，一些地形如凸面地形、土丘等可用来阻挡刮向某一场所的冬季寒风；反过来，地形也可被用来收集和引导夏季风。如图 3-2-11 所示，通过抬升向风一侧的地形并结合植物种植，可以起到阻挡冬季寒风的作用，使得该区域的小气候更加舒适宜人。

图 3-2-10　地形的影响路线和速度功能

图 3-2-11　地形的改善小气候功能

3.2.2.2　各类地形在居住区景观设计中的应用

居住区景观设计应结合地形条件，根据地形坡级安排各功能分区，对各种活动内容进行划分，从而形成独特的居住区景观。若原有地形起伏，那么建筑群随着地形起伏而起伏，各居住区之间以台阶或坡道连接，依地形特点布置水景，挡土墙结合雕塑或廊架设计以丰富竖向景观层次。若基地内地形较为平坦，可以小范围地改造地形以创造微地形，结合植物布置丰富竖向层次，作为人们体育锻炼、开展邻里交往的场所。

（1）平地（图 3-2-12）

① 规划人行道和车行道　合理设置人行道和车行道，方便居民出行和活动，同时增加居住区的交通便利性和美观性。

② 建设宽敞的绿地和公共空间　可以规划大片的草坪和花园，为居民提供休闲、娱乐和社交的场所；公共空间的设计中可以考虑设置休息座椅、游乐设施、水景等，以增加人们对居住区的归属感和满意度。

③ 建设多功能活动场所　如篮球场、网球场、健身区等。这些活动场所不仅丰富了居住区的功能，也促进了居民的健康生活和社区交流。

（2）坡地（图 3-2-13）

① 设置步道和观景平台　在坡地上设计步道，使居民沿着不同高度的路径漫步，感受到自然地形的变化和美妙景致；观景平台的设置也可以让居民在坡地上饱览居住区的全景，将自然和人工景观完美融合。

② 打造阶梯花坛和露台　通过在不同高度设置花坛、种植植物（如花、草、灌木），可以营造出层次感和丰富的色彩，使整个居住区呈现出生机勃勃的景象；同时，露台的设置也可以让居民在坡地上欣赏到更广阔的自然美景。

图 3-2-12　平地在居住区景观设计中的应用形式

图 3-2-13　坡地在居住区景观设计中的应用形式

③ 设置水景　通过合理规划和设计，坡地可以成为水景的自然落差，打造出瀑布、喷泉或小溪流水等水景效果，为居住区增添了水的元素，增强了视觉和听觉上的愉悦感。

(3) 台地（图 3-2-14）

① 规划观景平台和公共活动空间　由于台地地势较高，可以成为居住区内观赏周边风景的理想位置。在台地上设置观景平台或公共活动空间，如露天阶梯剧场、休闲广场等，为

居民提供欣赏美景的场所和社交娱乐的空间，增加居住区的观赏价值和吸引力。

② 布置花园　台地的高差可以创造出多层次的花园景观，可以规划不同风格和主题的花园，如花坛、花境、植物组团等，丰富居住区的绿化和景观效果。

③ 设置水景和景观雕塑　可以结合水景和景观雕塑等元素打造自然跌水，增加居住区的美感和艺术氛围，营造出独特的景观特色。

图 3-2-14　台地在居住区景观设计中的应用形式

3.2.3　竖向设计要点

竖向设计是指在一块场地上进行垂直于水平面方向的布置和处理。居住区景观用地的竖向设计就是居住区景观中各个节点、各种设施及地貌等在高程上创造高低变化和协调统一的设计。竖向设计的具体内容包括：设计地面形式，组织地面排水；确定道路、建筑、场地及其他设施的标高、位置，以及计算土石方工程量等。竖向设计贯穿整个设计工作的全过程，本质上是确定场地设计坡度和控制场地高程。

3.2.3.1　居住区景观竖向设计整体控制原则

（1）保证场地良好的排水

力求使所设计地形和坡度适合污水、雨水的排水组织和坡度要求，避免出现积水凹地。排水不得坡向建筑墙脚，住宅建筑出入口处严禁积水。

（2）充分利用地形，减少土石方工程量

设计应尽量结合自然地形，减少土石方工程量。填方、挖方一般应考虑就地平衡，缩短运距。

（3）考虑建筑群体空间景观设计的要求

尽可能保留原有地形和植被。必须重视空间的连续、鸟瞰、仰视及对景的景观效果。

3.2.3.2　道路竖向设计

对于道路竖向设计来说，最关键的是符合纵断面、横断面设计的技术要求，主要包括纵坡、横坡、坡长、宽度、转弯半径、竖曲线半径、视距，还要兼顾车辆和行人的视野景观。主要任务是确定道路控制点的标高，计算坡长与坡度，进行等高线绘制。

特别提醒：道路交叉口的竖向设计，要保证主要道路纵坡尽量不变，避免交叉口出现大量积水。道路是没有平坡的，路面的最小坡度要求大于或等于 0.2%，道路中心标高一般应该比建筑室内地坪低 0.25～0.3m，以利于排水。

居住区内道路坡度控制指标如表 3-2-1 所示。不同类型路面最大坡度如表 3-2-2 所示。

表 3-2-1　居住区内道路坡度控制指标

道路类别	最小纵坡	最大纵坡	坡长
机动车道	≥0.3%	≤8%	≤200m
非机动车道	≥0.3%	≤3%	≤50m
步行路	≥0.5%	≤8%	

表 3-2-2　不同类型路面最大坡度

路面类型	最大坡度	路面类型	最大坡度
普通道路	8%	轮椅园路	4%
自行车专用道	5%	路面排水	1%～2%
轮椅专用道	8.5%		

3.2.3.3　场地竖向设计

竖向设计是场地设计中的一项重要内容，主要解决场地内垂直方向的问题，通俗点说就是解决不同场地、不同功能、不同要素之间的高差问题。

（1）整体场地高差处理

因地制宜是景观设计的重要原则。对于有高差地形的场地，要尽量结合现状来进行改造，在设计初期就要考虑高差的处理方式。在整体场地的高差处理上，竖向设计主要有两种方式：一个是被动竖向设计，接受高差；另一个是主动竖向设计，制造高差。

① 被动竖向设计　场地自身有一定高低起伏，有一定的高差关系，当这种原始条件保留或略微经过整理后的场地高差不影响场地内各种功能和景观需求，也满足交通、排水等技术条件时，从经济效益的角度出发最大限度减少场地内工程量，利用原有场地条件或略微整合现有场地条件，保证场地内土方平衡，形成有高差关系的坡地或台地。例如，依据现有地形，依山就势，打造与生态环境一体的生态景观，实现居住区的需求和目标，同时也是对于城市和土地的尊重。

② 主动竖向设计　主动竖向设计就是当场地自身高低起伏程度轻或较为平整时，为了更好地营造舒适、美观、生态友好的居住环境，通过合理的竖向设计主动制造高差。为了营造住宅园区丰富的绿化层次，景观中常常主动设置诸多微地形和坡地景观，或设置高处观景亭、堆积假山石，或设置下沉广场和活动休闲设施，增加景观空间层次和趣味性。

（2）各类型场地坡度控制

我们首先以景观与居民活动为切入点，分析不同坡度对居民活动的影响：坡度为100%～50%时，需要做硬质材料护坡，人难以平衡站立；坡度在50%～25%时，可用植物材料护坡，人可以站立，但不舒适，感觉吃力，有滚落的危险；坡度小于20%时，人可站立行走，基本无不舒适感；坡度小于10%时，人行走在其上，有如履平地之感。

① 开敞平缓的地形空间（图 3-2-15）　此类地形可供人进入开展各种不同的活动。例如缓坡大草坪、儿童功能空间、老人功能空间或健身运动空间，这类场地需要地形平缓，适用于不同年龄段的人群，并且人在其上行走活动要有如履平地之感，视野开阔，通风效果良好。选择的地形主要采用坡度3%～10%之间缓坡地形，少量采用10%～25%之间的中坡地形。

② 稍陡郁闭的地形空间（图 3-2-16）　此类地形空间坡度相对大，人站立其上有不舒适感；用于观景平台、观景廊亭或台阶游步道，将人的活动控制在地形上修建的台阶游步道、休息平台及廊亭中，是引导式的"线""点"式活动，适合大面积以观景为主的植物造景空间。这类地形常选用中坡地，坡度在25%～40%之间。

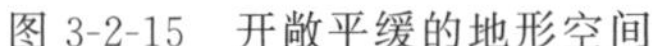

图 3-2-15　开敞平缓的地形空间

图 3-2-16　稍陡郁闭的地形空间

③ 陡峭封闭的地形空间（图 3-2-17）　此类地形空间高度较高，形成人的视线隔断，空间被分隔。这类地形空间坡度大，不适合人的活动，例如密林观景空间、假山叠水。这类地形空间能否形成空间分隔关键是地形从平地处抬升的高差能否超过人的视线高度。此类地形坡度常在 33%～50%之间。

图 3-2-17　陡峭封闭的地形空间

各种场地的适用坡度如表 3-2-3 所示。

表 3-2-3　各种场地的适用坡度

场地名称	适用坡度	场地名称	适用坡度
密实性地面和广场	0.3%～3.0%	健身运动场地	0.2%～0.5%
湿陷性黄土地面	0.5%～7.0%	停车场地	0.2%～0.5%
绿地	0.5%～1.0%	杂用场地	0.3%～2.9%
儿童游乐场地	0.3%～2.5%		

(3) 中心景观竖向设计

居住区中心景观是指居住区中供所有次级居住组团共同使用的中心区域景观绿地或景观带。中心景观对居住区环境起着至关重要的作用，它是整个居住区景观的中心节点，也是整个居住区的休闲活动中心，起着串联整个居住区内各组团内部景观的作用。

中心景观竖向设计控制要点：

① 中心景观视线较集中，宜作微地形或缓坡地处理，将地面处理成自然起伏，搭配植物，丰富景观层次。

② 应避免等高线过密的地形，地形坡度宜小于或等于 10%。

③ 中心地形高差应考虑排水问题，要在四周加排水沟。

3.2.3.4 绿地竖向设计

居住区景观绿地的竖向设计应尊重原始地形地貌，充分利用原有植被、河湖水面等已有条件，对劣地、坡地、洼地等进行绿化再造。布置时应充分结合地形，随形就势，减少土石方量并降低对原有生态的破坏，对山坡、山谷、山顶等微地形进行不同的种植处理，从而营造出高低起伏、层次丰富的绿地空间环境。

(1) 绿地微地形

绿地微地形是专指一定绿地范围内植物种植地的起伏状况。在景观设计中，适宜的微地形处理有利于丰富造园要素、形成景观层次，达到加强景观艺术性和改善生态环境的目的。绿地可分自然式、平板式、台阶式、混合式等几种微地形模式（图 3-2-18）。

图 3-2-18 不同类型的绿地微地形

① 绿地微地形整体控制原则：

a. 结合自然地形、充分体现自然风貌　自然是最好的景观，结合景点的自然地形、地势、地貌，体现乡土风貌和地表特征，切实做到顺应自然、返璞归真、就地取材、追求天趣。

b. 以小见大，适当造景　地形的高低、大小、比例、外观形态等方面的变化创造出丰富的地表特征，为景观变化提供了依托的基质。在较大的场景中需要宽阔平坦的绿地、大型草坪或疏林草地；但在较小范围，可从水平和垂直二维空间打破整齐划一的感觉，通过适当的微地形处理，以创造更多的层次和空间，以精、巧形成景观精华（图 3-2-19）。

图 3-2-19 以小见大的绿地微地形

c. 因景制宜，融建筑于自然景色与地形之中 地形景观必须与建筑景观相协调，以消除建筑与环境的界限，协调建筑与周边环境，使建筑、地形与绿化景观融为一体，体现返璞归真、崇尚自然的境界（图 3-2-20）。

图 3-2-20 因景制宜的绿地微地形

② 绿地微地形竖向设计控制要点：

a. 控制好微地形的坡度，一般不要超过 30%，以免带来边坡的不稳定性。

b. 绿地边沿做适当的微地形处理可丰富景观要素，营造空间，减少施工过程中的土方运输，降低建设成本。

c. 绿地之间形成一个缓冲区，使道路与绿地融为一体，使软质景观与硬质景观相得益彰。

d. 杜绝等高线同距偏移，即使是微地形也需要有陡缓变化。

e. 曲线应有渐变的疏密有致和渐变的轮廓转动，才能使地形具有陡坡和扭动。

f. 微地形的山脊线基本应是一条曲线而非直线，鞍部通常最为舒缓。

（2）宅间绿地

宅间绿地是组团绿地的发散与补充，围绕在住宅四周，是邻里交往频繁的室外空间，可设置儿童活动场所、晨练健身场地以及交往休息空间等。

宅间绿地竖向设计控制要点：

① 宅间空间有限，故地形坡度不宜过大，可通过适当的微地形处理并配上植物，丰富景观层次。

② 应避免等高线过密的地形，地形坡度宜小于或等于 4%。

③ 宅间地形高差应考虑排水问题，要在四周加排水沟。

根据植物生长要求与人工管理要求，居住区绿地坡度应根据所种植植物的不同进行一定的控制，以获得良好的种植效果。其控制指标可参考表 3-2-4。

表 3-2-4 绿地坡度控制要求

项目	最大坡度	项目	最大坡度
草皮	45%	草坪修剪机作业	15%
中高木绿化种植	30%		

注：本表内容摘自《居住区环境景观设计导则》(2006 版)。

3.2.4 排水设计要点

居住区排水是指民用建筑群的室外排水。污水按其来源不同可分为生活污水和地表径流两类，目前通常采用敷设直埋式管道和建设海绵城市的方式处理。

地表径流一般是指由降水或冰雪融化形成的，沿着流域的不同路径流入河流、湖泊或海洋的水流。居住区的地表径流的主要管理方式就是利用生态净化手段，科学有效地收集雨水，采用地表径流净化系统和人工湿地，待水质达到排放要求再放入居住区中的人工水系统中。其特征是无压型排放，主要靠重力自流，需要一定的坡度，雨水才能进入并从高到低流动，在居住区地面从高处向低处汇聚，进入居住区市政管网，经过处理后流入城市市政管网。因此，以地表径流管理为目标的人工水系营造是真正体现自然生态的景观营造模式。

(1) 敷设直埋式管道

通过敷设直埋式管道排出地表径流，有以下控制要点：

① 采用自然放坡结合管道系统排放，在汇水处设置草地排水井或地下管道。

② 最小地面排水坡度为 0.3%；平原地区最小地面排水坡度可降至 0.2%；当地面排水坡度小于 0.2%时，用地宜采用多坡向或特殊措施组织排水。

③ 场地高程比周边道路的最低路段高程至少高出 0.2m，防止用地成为“洼地”。

(2) 建设海绵城市

通过建设海绵城市排出地表径流的方式包括道路湿地雨水收集净化和人工湿地地表径流净化，主要有以下控制要点：

① 采用透水铺装，引导地表径流直接从路基渗入土壤。

② 注意控制地面坡度，使之不至于过陡，否则应另采取措施以减少水土流失。

③ 同一坡度的坡面不宜延伸过长，应当有起伏变化，以减缓径流速度。

④ 通过加强绿化、合理种植，用植被覆盖地面以防止地表水土流失。

⑤ 在过长的汇水线上以及较陡的出水口处，地表径流的速度很大，需利用工程措施进行护坡。

采用透水铺装是道路湿地雨水收集净化的主要方式，主要利用地下渗透和表面蒸发的方式处理铺装面层的地表径流，不仅保证了地下水的补充，而且在景观上还有很好的美化作用，能减少大块面铺地给人的生硬感受，丰富铺装肌理。例如，停车场通过铺设植草砖、砾石和留有草缝的路面，一方面可以减少径流量，另一方面可以通过表层的植物根系对地表径流进行初步的过滤，去除大颗粒的污染物和杂质。这类铺装强调可渗透性，不仅起到有效净化水质的作用，同时提升整体的环境品质（图 3-2-21）。

居住区排水设计在解决实际高程排水问题的同时，既要满足场地排水的功能性要求，又要更好地将环境品质和整体景观效果融合，使排水工程设计更具有美感或生态价值。

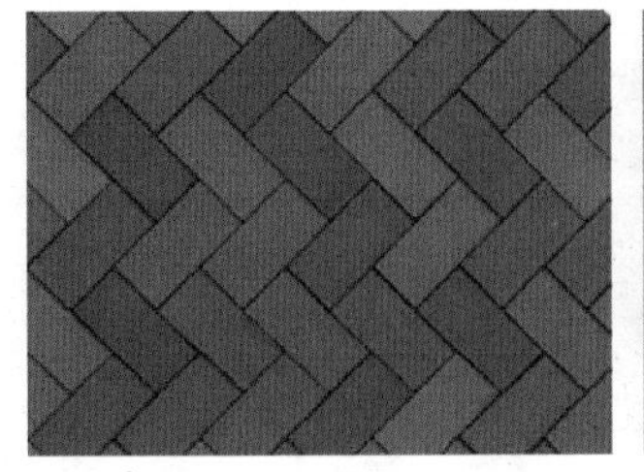 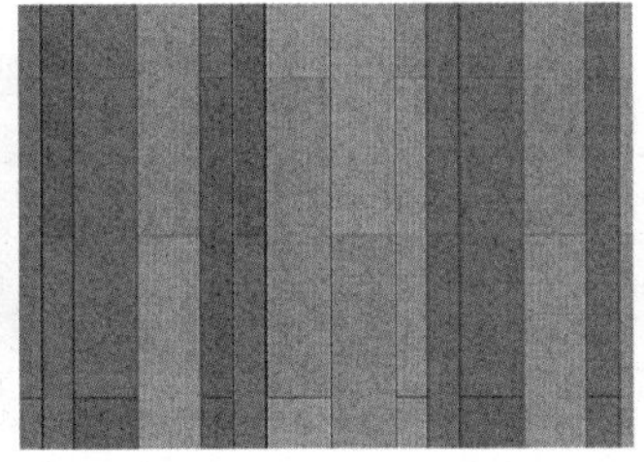 

图 3-2-21 不同类型的透水铺装

3.3 水景设计

水作为景观设计中的一大要素，常常在设计中起到至关重要的作用：平静的水面让人安宁，流动的水体充满生机，而常常作为视线焦点的喷泉或瀑布则犹如感叹号，给人以精彩的震撼。

仁者乐山，智者乐水，水是生态环境中最具动感、最活跃的因素。居住区中的水景，既可满足居民亲水的愿望，提供了文化、娱乐、休闲及健身、聚会的场所和空间，同时还可营造优美的景观，改善居住区的局部小气候。水的文化、景观、生态优势，使其成为现代居住区中不可替代的一部分。

3.3.1 居住区水景简介

3.3.1.1 居住区水景结构系统与平面规划形式

（1）水景结构系统

在居住区景观设计中，水系贯穿于区内各空间环境，居住区水景可看作由点、线、面形态的水系相互关联与循环形成的结构系统。水体与绿化交相呼应，共同建立居住区生态景观系统。其中，大块面的水体充当着景观的基底；线状的水体作为系带，联系各绿化与水景空间，建立景观次序；点状的水体是相对线、面的空间尺度而言的，主要起到装饰、点缀的作用。

① 面——基底衬托 块面的水是指规模较大、在环境中能起到一定控制作用的水面，它常常会成为居住环境的景观中心。大的水面空间开阔，以静态水为主，在居住区景观中起着重要的基底衬托作用，映衬临水建筑与植物景观等，错落有致，创造出深远的意境（图 3-3-1）。

② 线——系带关联 线状的水是指较细长的水面，在居住区景观中主要起到联系与划分空间的作用。在设计时，线状水面一般都采用流水的形式，蜿蜒曲折、时隐时现、时宽时窄，将各个景观环节串联起来。同时，在设计中可充分利用线状水面灵活多变的优势，将其与桥、板、块石、雕塑、绿化以及各类休息设施结合，创造出宜人、生动的室外空间环境（图 3-3-2）。

③ 点——焦点作用 点状的水是指一些小规模的水池或水面，以及小型喷泉、小型瀑布等，在居住区景观中主要起到装饰水景的作用（图 3-3-3）。

④ 点、线、面水体的综合规划 总的来说，在居住区水景结构系统中，点水画龙点睛，线水蜿蜒曲折，面水浩瀚深远，各种不同形态的水系烘托出截然不同的环境感受。设计时，可通过块面、线状的水系并联与串联多个住宅组团，形成景观系统的骨架，也可看作居住区形态规划结构的重要组成部分。同时，对于水景各体系的组织应遵从一定逻辑，有开有合、

图 3-3-1　居住区中的大块面水体

注：在设计中，大的水面多选择设于居住区景观中心区域或作为整个居住区环境的基底，围绕水面应适当布置亲水观景的设施，水中可以养殖一些水生生物；有时为了突出水体的清澈，可在浅水区底面铺装鹅卵石或拼装彩色石块图案。

图 3-3-2　居住区中的线状水体

注：其水面形态有直线形、曲线形以及不规则形等，以枝状结构分布在居住区内，与周围环境紧密结合，是划分空间的有效手段；此外，线状水面一般设计得较浅，可供孩子们嬉戏游玩。

图 3-3-3 居住区中的点状水体

注：由于比较小，布置灵活，点状的水可以布置于居住区内任何地点，并常常用作水景系统的起始点、中间节点与终结点，起到提示与烘托环境氛围的效用。

有始有终、收放得宜，以多变的语态促成丰富的水体空间形态。

（2）平面规划形式

水景的平面规划形式是就水体的边界平面形式而言的，可分为规则式与自由式两种基本形式。在居住区水景规划中，可以规则式为主，或以自由式为主，也可将两者结合，刚柔并济，带来多样的水景空间感受。

① 规则式 水体的边界呈几何规律形，如圆形、方形、椭圆形、花瓣形等，其面积一般都不大并且都完全由人工建造而成。

规则式水体由西方园林的水景模式发展而来，以整齐简约的线条与适宜的比例关系使人感到典雅精致，在居住区环境中多用于西式风格的设计中；另一方面，现代风格的设计注重点线面的构成关系，设计中多遵循一定的几何构图法则，因而规则式的水体设计也广泛用于采取现代风格的居住区景观中。在居住环境中，规则式水体常常会给人以严肃的感受，设计中可运用植物、花坛、建筑小品等将其柔化，缓和其生硬感。

② 自由式 自由式水体相对规则式水体而言，其边界形式没有固定的几何形态，而是随意自由、曲折多变的。

自由式水体由中式园林的水景模式发展而来，在水体边界处多利用山石、块石来构筑驳岸，并配合地形起伏进行植物造景，目的是减少人工痕迹，体现自然山水之美。需注意的是，自由式水景设计绝不代表毫无规律，其水体的大致形态、走势、开合都是在一定秩序规划下完成的，看似无心，实则有意。

3.3.1.2 居住区水景分类

(1) 人工水体

人工水体主要是指居住区内一些完全由人工开凿的水池景观。一般来说，水池的规模不会很大，水池形态与其池岸设计规整有序，池底平整，与自然水体自由随意的形态截然不同。人工水池一般可采用方形、圆形、条形等几何规则组合形状，并在其中安设喷泉、叠水等起到装饰与点缀作用。

(2) 自然水景

这里所说的自然水景并非纯自然水景，而是与自然环境中的江、河、湖、溪相关联的经过人工修饰与改造的水景。这类水景设计多在原有自然生态景观的基础上，通过地形营造与山石堆叠，以自然水体呈现的各种状态为设计依据，处理各部分水体之间的空间关系，创造出原生态的亲水居住环境。

在用地内没有自然水体的情况下，要想打造自然水景的效果，只有通过全部人工开挖完成；考虑到土石方问题，一般主要以溪流、叠水、池塘等小规模水景营造为主，实际上是完全以人工方式模拟的自然水景效果。

(3) 装饰水景

装饰水景是指主要起到赏心悦目、烘托环境作用的水景，它们往往是景观的中心与焦点所在。装饰水景通过人工对水流的控制（如疏密、粗细、高低、大小、时间差等）达到艺术效果，并借助音乐和灯光的变化产生视觉上的冲击，其形式主要包括喷泉、瀑布、倒影池等。

① 喷泉　是完全依靠设备喷射出各种水姿的水景形式。在居住区环境中，喷泉可以作为一种“活雕塑”单独成景，也可以与其他景观元素一起共建环境（图 3-3-4）。

图 3-3-4　不同类型的喷泉

需注意的是，喷泉设计中，对水的喷射控制是关键。通过不同喷射方式的相互组合，喷泉可呈现出多姿多彩的水流形态，用于不同的场所空间。各种喷泉形式及其适用场所如表 3-3-1所示。

表 3-3-1　喷泉设计要点

名称	主要特点	适用场所
壁泉	由墙壁、石壁和玻璃板上喷出，顺流而下形成水帘和多股水流	广场，居住区入口，景观墙，挡土墙，庭院
涌泉	水由下向上涌出，呈水柱状，高度 0.6～0.8m，可独立设置，也可组成图案	广场，居住区入口，庭院，假山，水池
旱喷泉	将喷泉管道和喷头下沉到地面以下，喷水时水流回落到广场硬质铺装上，沿地面坡度排出。平时可作为休闲广场	广场，居住区入口
雾化喷泉	由多组微孔喷管组成，水流通过微孔喷出，看似雾状，多呈柱状和球形	庭院，广场，休闲场所
喷泉盆	外观呈盆状，下有支柱，可分多级，出水系统简单，多为独立设置	园路边，庭院，休闲场所
小品喷泉	从器具（罐、盆）和动物雕塑（鱼、龙）口中出水，形象有趣	广场，庭院
组合喷泉	具有一定规模，喷水形式多样，有层次，有气势，喷射高度高	广场，居住区入口

② 瀑布　按其跌落形式可分为滑落式、阶梯式、幕布式、丝带式等，再配以山石、植物等共同构成组合景观。在居住区水景中，瀑布可以作为装饰焦点，也可以构成空间背景，烘托环境氛围。设计中可通过瀑布的不同空间尺度、瀑布水流与造型产生的各种形式变化，以及改变水面高度、水流量、下部掩体的摆放角度等产生的不同声效，为居住区居民带来视觉、听觉等的多重感官享受（图 3-3-5）。

图 3-3-5　瀑布

注：

《居住区环境景观设计导则》（2006 版）节选：

8.2.3　瀑布跌水

① 瀑布按其跌落形式分为滑落式、阶梯式、幕布式、丝带式等多种，并模仿自然景观，采用天然石材或仿石材设置瀑布的背景和引导水的流向（如景石、分流石、承瀑石等）。考虑到观赏效果，不宜采用平整饰面的白色花岗石作为落水墙体。为了确保瀑布沿墙体、山体平稳滑落，应对落水口处山石作卷边处理，或对墙面作坡面处理。

② 瀑布因其水量不同，会产生不同视觉、听觉效果，因此，落水口的水流量和落水高差的控制成为设计的关键参数，居住区内的人工瀑布落差宜在 1m 以下。

③ 跌水是呈阶梯式的多级跌落瀑布，其梯级宽高比宜在 3∶2～1∶1 之间，梯面宽度宜在 0.3～1.0m 之间。

③ 倒影池　光与水的互相作用是水景的精华所在，倒影池就是利用光影在水面形成的

倒影，来扩大视觉空间、丰富景物的空间层次的水景方式。倒影池极具装饰性，可做得精致有趣，花草、树木、景观小品、岩石前都可设置倒影池。

倒影池的设计首先要保证池水一直处于平静状态，尽可能避免风的干扰；同时其池底最好采用深色材料（如沥青胶泥、黑色面砖等）铺装，以增强水体的镜面效果（图 3-3-6）。

图 3-3-6　倒影池

（4）泳池水景

泳池水景是一种特殊的人工水景。居住区内的泳池大多设于室外或半室外（设在架空层底部），也有设于室内的，可用作恒温泳池。一般来说，居住区泳池不宜做成正规比赛泳池，而是大都采用比较流畅的曲线，显得自由活泼。可在岸边设置人工海滩，并在池底铺贴花纹图案，丰富水景的色彩，使其具有较强的观赏性。泳池根据使用对象可分为儿童泳池与成人泳池，各自按照相应的要求进行设计（图 3-3-7）。

图 3-3-7　泳池

泳池水景设计中有以下几项控制要点：

① 选址宜与中庭景观、组团中心景观或小区会所相结合；应远离儿童戏沙池、垃圾中转站等易产生异味、灰尘的场所。

② 儿童泳池选址时应考虑靠近泳池入口，避免靠近成人泳池深水区。如特殊情况下难以实现，则必须设置安全隔离，通道宽度≥1.2m；如无通道，须设围栏，高度≥0.9m；休息平台宽度宜≥4.5m。

③ 泳池沿边四周设溢水沟，保证池水漫溢时不外流，溢水沟净宽 0.3m 为宜；泳池区外边沿设排水沟，保证平台走道上雨水、污水收集，平台向排水沟方向设坡（坡度 1%）。

④ 泳池区不宜种植落叶落果乔木、带刺植物，和花期短、易引起过敏的开花植物；泳池区域四周灌木种植要浓密，形成私密空间，方便后期物业管理。

（5）枯山水景观

枯山水里实际没有水，而是使用常绿树、苔藓、沙、砾石等静止的元素来营造庭园，带来的是一种“一沙一世界”的精神感受（图 3-3-8）。

图 3-3-8 枯山水景观

枯山水能在没有水的条件下营造出自然山水的意境，往往寓意深远，给人以静思，作为一种特殊的“水体”也可用在居住区景观设计中。比如在北方严寒地区，设计中可将水体设计浅一些，一方面可以节省大量的水，另一方面在冬季将水抽干后不会出现很深的“坑”，在这个基础上可以用枯山水的方式进行设计，是适应气候、一举两得的有效方式。

3.3.1.3 居住区水景配置设计要点

（1）规则水景

① 适用于轴线节点、主入口广场等重要节点，尺寸规模与环境相适应。

② 大型圆形水景和方形水景宜布置于主入口、中轴线以形成景观；异形水景宜布置于组团中心或宅间共享空间；点状水景宜布置于宅间道路、组团入口或入户空间。

③ 风格、色调及布局应与周边环境统一，避免与硬质铺地生硬连接。

④ 景观小品数量应适度，应以小而精的小品提升趣味，如以雕塑小品结合动态水景形成视线焦点。

⑤ 可观赏面宜多，如抬高水面以增加竖向层次及水景看面。

⑥ 四周宜布置草本地被、花钵等，营造热闹的氛围，烘托其主体地位；水景旁可设置休闲座椅，供人们观赏水景及休息。

（2）自然水景

① 适用于中庭景观，尺寸规模与环境相适应。

② 自然水面宜布置于主入口、中轴线以及居住区中心；溪流宜布置于组团中心或宅间共享空间；跌水宜布置于宅间道路、组团入口或入户空间。

③ 观赏面应多，水面应有宽窄变化，注重与行人互动；周边可设置座椅，增加人与溪流的互动性。

④ 跌水高度及跌级应合理，堰口及分水处理、跌水两侧的置石应统筹考虑，营造硬质与软质有机结合的跌水景观。

⑤ 驳岸做法应自然而富于变化，如草坡直接入水、木平台接水面、自然石头入水等。

⑥ 周边植物配置应统一而富有变化，宜区分水面、驳岸、滨水区域的植物配置异同；周边置石宜充满趣味性。

3.3.2 水景构造与细部设计

水景设计的主体是水，根据不同的场地功能和水体形态，可以塑造多样的、引人注目的水景。除了水体本身之外，还有一些与水景设计息息相关，或是直接影响设计效果的要素，同样是我们在设计过程中应当关注的。

3.3.2.1 水景构成要素

（1）水体

水体是居住区水景设计的基础要素，可分为动水与静水两种基本形态，在现代居住区环境设计中大都会将二者结合起来，共同构建动静皆宜的水景空间。

设计时，静水大多采用水池和湖面的形式，以影、形取胜；动水主要有溪流、喷泉、瀑布、跌水等形式，配合竖向设计，结合声、光塑造充满动感的氛围。

（2）驳岸

驳岸是水体的边界设施，其作用主要有三点：一是支撑其后的土壤，防止岸土下坍；二是保护坡岸不受水体的冲刷与侵蚀；三是增加艺术效果，高低曲折的驳岸能够使水体更加富于变化。因此，驳岸是水体景观设计中应重点考虑的部位，在小区中为了营造亲水的效果，一般采取缓坡、阶梯或亲水平台等方式与水体连接、过渡，采用块石、卵石、砂石等材质，组合而形成丰富多样的形态。

（3）山石

山石是营造自然山水景观的一个必备因素，通过堆山叠石，能在平地上形成峰、岭、谷、涧，营造出层次起伏的空间效果，然后注入水体以营造出泉、瀑、溪、池等景色，实现“虽由人作，宛自天开”的艺术境界。特别是在现代居住区环境建设中，越来越讲究天然趣味，其中山石添景的作用不可或缺。如表 3-3-2 和图 3-3-9 所示，以山石与溪流设计的配合为例，可一窥其创造出的各种水流形态与景观效果。

表 3-3-2　溪流与山石的造景设计

序号	名称	效果	应用部位
1	主景石	形成视线焦点，起到对景作用，点题。说明溪流名称及内涵	溪流的首尾或转向处
2	隔水石	形成局部小落差和细流声响	铺在局部水线变化位置
3	切水石	使水产生分流和波动	不规则布置在溪流中间
4	破浪石	使水产生飞流和飞溅	用于坡度较大、水面较宽的溪流
5	河床石	观赏石材的自然造型和纹理	设在水面下
6	垫脚石	具有力度感和稳定感	用于支撑大石块
7	横卧石	调节水速和水流方向，形成隘口	溪流宽度变窄和转向处
8	铺底石	美化水底，种植苔藻	多采用卵石、砾石、水刷石、瓷砖铺在基底上
9	踏步石	装点水面，方便步行	横贯溪流，自然布置

图 3-3-9　各种类型的山石与溪流

(4) 植物

植物与水是营造生态居住区的两大基本要素，在设计中应将两者紧密结合，形成互补共生的局面。这里根据与水体位置关系将植物分为水边植物与水生植物两类。

水边植物主要指种植在水岸旁形成绿化氛围的植物，如垂柳、竹类以及各种花卉等；此外，可将一些生长在浅水的湿地植物归为水边植物，如芦苇、蒲草等，这些植物能起到涵养水源、营造自然生态景观的效果（图 3-3-10）。

图 3-3-10　水边植物

水生植物是指能够长期在水中正常生长的植物，如荷花、睡莲等。在居住区中可设荷塘，春夏秋以荷花为主景，营造荷塘月色等幽远意境。此外，水生环境中还有众多的藻类及各种水草，它们是鱼类的食料。鱼类的繁衍可为居住区水景增添情趣，形成良好的生态环境，甚至引来鸟类栖息，从而创造居民戏水观鱼，鸟语花香为伴的景致（图 3-3-11）。

图 3-3-11　水生植物

(5) 亲水设施

① 亲水步道　亲水步道是指紧贴水岸的人行道，主要为居民提供用于行走、休息、观景和交流的多功能场所。居住区中的亲水步道多采用天然石块、砖材、卵石等做铺装，或者采用木板做铺装。用木板的可称为木栈道，由于其具有弹性和粗朴的质感，行走时比一般石铺砖砌的步道更为舒适，更贴近自然，并可架设于水面之上，与水更为亲近，因而广泛应用于居住环境中。

此外，亲水步道也可由多级沿水岸的台阶组成，有些台阶淹没于水面以下，有些则高出水面，这样在兼具安全性的同时，使人们的亲水活动不会受到水面高度变化的影响。人们沿着台阶在水边漫步的同时，只需弯下身，就可接触到水，实现随意而就的亲水感受。

② 亲水平台　亲水平台是指从陆地延伸到水面上的供人们观水、戏水的平台，它直接临水，是与水亲密接触的场所。在居住区水景设计中，亲水平台常常以木质铺装为主，平台的设置可高于水面，形成凭栏观景的效果，或者设在浅水区，在安全的情况下方便成人、孩童戏水游玩（图 3-3-12）。

图 3-3-12　亲水平台

③ 临水构筑物　主要包括临水的亭廊、水中的台榭等，它们是居民休憩、观赏水景的场所；与此同时，其优美的形态也起到丰富水面景观的效用，是观与被观的所在（图 3-3-13）。

④ 景观桥　桥在水景中起着不可或缺的联系与造景作用，小桥流水的景致不经意间会给人们带来愉悦的心情。一方面，桥是水面的交通跨越点，横向分割水面空间，于桥上可眺望水面景色；另一方面，桥的独特造型具有自身的审美价值，可形成区域标志与视觉焦点。居住区的景观桥一般以木桥、仿木桥或石桥为主，体量不宜过大，可采取拱桥、吊桥等优美活泼的形式（图 3-3-14）。

3.3.2.2　细部设计控制要点

（1）驳岸和护坡

驳岸位于水体边缘与陆地交界处，起到保护水景、稳固堤岸、防洪泄洪的作用。另外，不同材料和形式的驳岸，对于整体水景的营造也起到至关重要的美化作用。驳岸的设计高度

图 3-3-13　临水构筑物

图 3-3-14　景观桥

取决于场地的水体状况，根据最高水位线、常水位线和最低水位线的实际情况来确定。驳岸根据造型特点可以分为下面两大类。

① 规整式驳岸　即使用石材、砖材或混凝土等材料砌筑的较为规整的驳岸形式。它的特点是造型简洁、形式统一、结构稳定，能够提供整齐规则的视觉体验，但过于统一带来的单调使其在与水体的交界处显得较为生硬，生态性不足（图 3-3-15、图 3-3-16）。

图 3-3-15　规整式驳岸

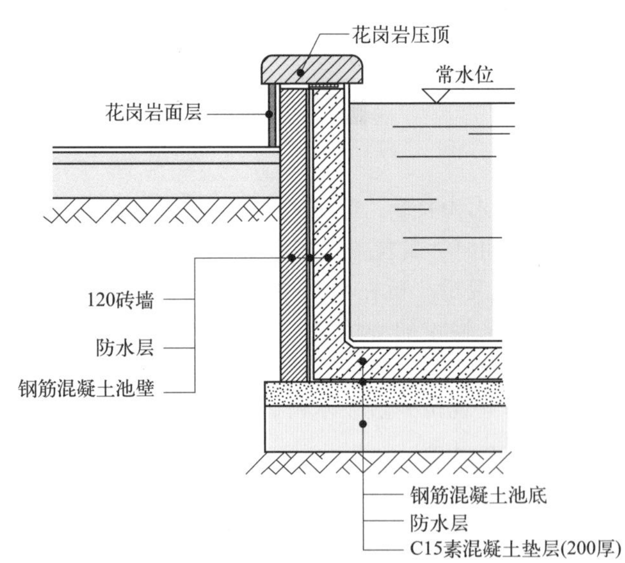

图 3-3-16　规整式驳岸常规做法（单位：mm）

② 自然式驳岸　即使用卵石等自然材料形成的形式多样、自然亲切的驳岸形式。与规整式驳岸相比，它的形式更加多变、造型更加多样、景观视觉效果更好，与周围自然环境融合性也更好。这类驳岸常见的具体应用形式包括：自然块石驳岸、假山石驳岸、卵石驳岸、木桩式驳岸、草坡植被式驳岸等（图 3-3-17、图 3-3-18）。

图 3-3-17　自然式驳岸

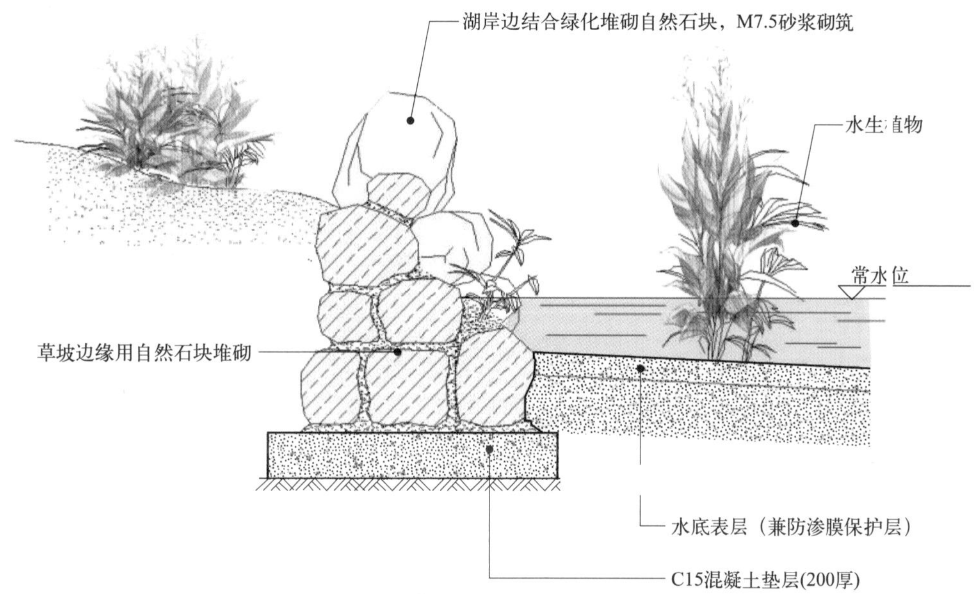

图 3-3-18　自然块石驳岸做法（单位：mm）

各类驳岸设计要求如表 3-3-3 所示。

表 3-3-3　各类驳岸设计要求

序号	驳岸类型	材质选用
1	普通驳岸	砌块（砖、石、混凝土）
2	缓坡驳岸	砌块，砌石（卵石、块石），人工海滩砂石
3	带河岸裙墙的驳岸	边框式绿化，木桩锚固卵石
4	阶梯驳岸	踏步砌块，仿木阶梯
5	带平台的驳岸	石砌平台
6	缓坡、阶梯复合驳岸	阶梯砌石，缓坡种植

注：

a. 护坡石料　要求吸水率不超过 1%、密度大于 2t/m^3 和抗冻性较强，如石灰岩、砂岩、花岗岩等岩石。以块径 18～25cm，长宽比 1∶2 的长方形石料为最佳。

b. 铺石护坡坡度　应根据水位和土壤状况确定，一般常水位以下部分坡面的坡度小于 1∶4，常水位以上部分采用 1∶1.5～1∶5。

（2）池壁

池壁有垂直和坡形两种。设计控制要点主要包括以下几点：

① 规则式水池池壁，一般采用垂直形式，不至于在池壁淤积泥土，从而使低等水生植物无从生长，同时易于保持水体洁净。

② 垂直形式的池壁，可用砖石或水泥砌筑。

③ 水泥池壁厚 15～25cm，水泥成分与池底同。

④ 水池内壁可镶以瓷砖、石材等作装饰。

（3）池底

池底的设计控制要点主要包括以下几点：

① 池底计划面应在霜作用线以下。排水不良时，在池底基础下及池壁之后，当放置碎石，并埋 10cm 直径土管，将地下水导出，管线的倾斜度为 1%～2%。

② 若池宽在 1～2.5m，则池底基础下的排水管，沿其长轴埋于池的中心线下。

③ 池底基础下的地面，向中心线作 1%～2%倾斜，在地下的碎石层厚 10～20cm，壁后的碎石层厚 10～15cm。

④ 若无霜或排水良好，则不必设碎石层，可在池底铺排卵石，然后用水泥灌注。

⑤ 小规模水池、溪流，深度一般为 0.2～0.4m；可以涉入的溪流，水深应控制在 0.3m 以下；当溪流水深超过 0.4m 时，应设置相应防护设施；无护栏的水池近岸 2m 内，水深不可以超过 50～70cm。

⑥ 普通溪流坡度宜为 0.5%，急流处为 3%左右，缓流处不超过 1%。

⑦ 在儿童戏水区，池底应做防滑处理，避免障碍物与尖锐物，不能种植苔藻类植物。

⑧ 除此之外，还需要考虑防漏、防裂和抗冻问题。

（4）防水

水池按构造区分，有刚性水池与柔性水池两种。防水材料应该具有耐久、耐腐蚀、防渗漏、耐候性等特性。刚性水池多为钢筋混凝土构造，柔性水池主要包括沥青玻璃布席水池、三元乙丙橡胶薄膜水池、再生橡胶薄膜水池和油毛毡防水层水池。

3.4 道路与铺装

居住区道路作为景观骨架，是居住区景观系统的有机组成部分。根据人、车使用要求，可将居住区各级道路主要划分为车行道路和步行道路两类，是居住区“点、线、面”中“线”的部分，起到联结、导向、分割、围合等作用。车行道路担负着居住区内部与外界之间的机动车和非机动车的交通联系，是道路系统的主体。步行道路一般与居住区内的绿地结合设置，以联系户外活动场地、公共建筑以及各类绿地之间的交通。

3.4.1 居住区道路系统

居住区内道路一般包括车行道路与人行道路。根据规划情况，在人车混行居住区可分为主要和次要车行道路，以及各级人行道路；在人车分行居住区主要为各级人行道路，车辆在入口处分流入地下车库。

良好的交通组织不能一味关注道路的纵横往复、四通八达，而是需要一个既符合交通要求又结构简明的路网体系。要做好分类与分级，按照层级关系相互衔接，同时根据道路的等级与性质确定其宽度、断面形式、铺设方式等。在进行分级整合时，应遵循“大的尽量规整，小的尽量变化”的原则：主干道路布置尽量做到短捷、不迂回，并且不要出现生硬弯折，以方便转弯和出入；在保证整体结构的前提下，供居民休闲散步的园路等则可曲折有致、灵活多变，创造多样景观。

注：

《城市居住区规划设计标准》（GB 50180—2018）节选：

6.0.4 居住街坊内附属道路的规划设计应满足消防、救护、搬家等车辆的通达要求，并应符合下列规定：

1 主要附属道路至少应有两个车行出入口连接城市道路，其路面宽度不应小于 4.0m；其他附属道路的路面宽度不宜小于 2.5m。

3.4.2 居住区道路整体控制原则

居住区要为居民提供方便、安全、舒适和优美的居住环境，而道路规划设计也影响着居民出行的方便和安全，因此居住区道路设置要遵循组织交通与保障安全、因地制宜和整体规划原则。

（1）组织交通与保障安全原则

组织交通作为道路的首要功能，首先要便于居民以及居民车辆的通行，并适于小货车以及垃圾车等的通行，做到内外畅通，避免往返迂回，从而满足居民上下班、入学、入托、搬运、无障碍通行、清运垃圾等要求；同时还必须考虑防灾救灾要求，当发生灾害事故时，应保证有通畅的疏散通道供消防车、救护车、工程抢险车等车辆出入。在此基础上，应注重居住区内人车通行的安全与舒适，应避免过境车辆的穿行，车行与人行宜分开设置并自成系统，从而保证行人、机动车以及非机动车的安全与便利。

（2）因地制宜原则

道路设计应因地制宜，根据居住区的基地状况、地形地貌、人口规模、居民需求和居民行为轨迹等来规划路网的布局，确定道路用地的比例以及各类道路的宽度与断面形式。特别是对于一些地形起伏较大的用地，道路设计应充分适应地形变化，使路网布局合理、建设经济。

（3）整体规划原则

道路系统担负着分隔与联系居住区内部各个地块的双重职能。良好的道路骨架不仅能为各种场地、设施的合理安排提供适宜的用地，也可为建筑、绿地、水系等的布置并创造有特色的环境空间提供有利条件。同时，建筑、绿地、水系等的布局又必然会反过来影响路网的形成，所以在规划设计中，这几者往往彼此制约、互为因果，只有经过反复推敲才能确定出最为合宜的路网形式，从而为整体空间环境的营造提供有利条件。

3.4.3 车行道路控制要点

人车混行居住区内车行道路是居住区内主干道，其宽度主要考虑居住区机动车、非机动车与人的通行，车行道路的最小宽度为双车道 6m。车行道路是用于居住区车辆通行的整体网络，外部与城市道路直接联系，内部是构成居住区景观骨架的基本要素，形成连续通畅的系统。其设计优劣直接关系到居住区景观规划构成，在设计中需注意把握好各级层次，做到架构清楚、线条疏朗、通而不畅[1]，常采用舒展的曲线形式，形成合理、通顺、优美的框架（图 3-4-1）。

在居住区景观设计中，车行道路有以下几项控制要点：

① 双向车行道路适宜宽度为 7.5m，车行道旁宜布置宽 1.5m 人行道；单向车行道路适宜宽度为 4m。

---

[1] “通而不畅”，源自小区道路设计所遵循的原则“顺而不穿，通而不畅”，即要求：小区内的主要道路应在保证通顺的前提下，避免外部车辆和行人的穿行；小区的道路线型尽可能顺畅，不要出现生硬弯折，但内外联系道路要尽量避免四通八达的格局，以免过境车辆随意穿越小区。

图 3-4-1　双向车行道路

② 尽端式道路为方便行车进退、转弯或调头，应在该道路的尽端设置回车场，回车场的面积应不小于 12m×12m。

③ 车行道路铺装需与人行道路区分开，避免车行与人行流线重叠。

④ 车行道路与人行道路交界处的铺装宜处理自然，避免生硬连接。

⑤ 植物层次宜清晰，避免树冠遮挡视线。乔木分枝点应高于 1.8m。

3.4.4　人行道路控制要点

人行道路系统以居住区入口为起点，延续到住宅单元入口，并渗透到绿地景观系统中，可以说无处不在，是丰富、完善道路景观的重要层面。按照人行道路承载的交通量、主次地位与功能要求，可将其设定为几个层次，即步行主路、宅间步道、园路与健康步道。各级层次之间应清晰有序，可通过空间尺度对比、材质划分、色彩区别等方式来实现，界定诸如快速通过、悠游散步、观景休憩等各种行为方式。

（1）步行主路

① 作为人行主通道　在实行人车分流的居住区，步行主路的首要功能是组织居住区人行交通，承载居住区的主要人流。步行主路在规划时应与居住区入口直接联系，然后引导人流进入各个区域。其设计宜便捷流畅，方便人流的集散；其路面宽度视具体情况而定，一般宽度可为 3～5m，以方便特殊情况下车辆通行。

② 作为景观主干　步行主路与居住区景观结合紧密，常常发挥主干作用，将居住区的各个景观区域与主要节点联系起来，组织成一个完整的体系。设计时需注意对步行主路做好限定，应具有良好的指向性与快速通过性，具体可通过地面材质、两侧绿化、小品设施等来进行控制。

（2）宅间步道

宅间步道是连接各住宅入口以及通向各单元门前的小路，主要供居民出入、自行车使用，应满足清运垃圾、救护和搬运家具等需要。特殊情况下如需大货车、消防车通行，路面两边至少还需各留出宽度不小于 1m 的范围，在此范围内不布置任何障碍物。另外，宅间步道可以作为居住区健身慢跑道使用；或者通过宅间步道，与宅旁休闲健身场所等联系，方便居民的就近活动；又或者通过宅间步道，与居住区景观园路相接，漫步进入中心绿地（图 3-4-2）。

图 3-4-2　宅间步道

（3）园路

其主要功能是供居民游赏、散步、慢跑、观景等活动使用。园路可与步行主路、宅间步道直接连接，也可通过一定的场所空间转换连接；园路布置宜“四通八达”，为步行路线提供多种选择，并深入到居住区景观的各个区域与环节，将各个节点景观连接为整体，可以说是居住区景观组织的枝节脉络。

（4）健康步道

健康步道是居住区内一种较为特殊的道路形式，其做法是将卵石铺设在道路上，用于足底按摩与健身。其路面宽度一般控制在 1.5m 以内，可曲折变化并形成环路，并与宅间步道或园路连接。在健康步道周围，可种植草坪、灌木及花卉、景观树等，配合山石、休息设施等营造出亲和舒适的休闲氛围（图 3-4-3）。

图 3-4-3　健康步道

在居住区景观设计中，人行道路有以下几项控制要点：

① 设于车行道一侧或两侧的人行道路最小宽度为 1m，适宜宽度为 1.5m。其他地段人行道路最小宽度可小于 1m。人行道路的宽度超过 1m 时可按 0.5m 的倍数递增。

② 当居住区用地坡度或道路坡度≥8%时，应铺以梯步并附设坡道供非机动车上下推行，坡道坡度比≤15/34。长梯道每 12～18 级需设一平台。

③ 园路铺装与场地风格宜统一，与周边硬质场地或植物衔接应自然。

④ 植物层次宜清晰，宜用花钵、花境以及各类景观小品提升景观效果。

各种类型路面的纵横坡度如表 3-4-1 所示。

表 3-4-1 各种类型路面的纵横坡度表

路面类型	纵坡/%				横坡/%	
	最小	最大		特殊	最小	最大
		游览大道	园路			
水泥混凝土路面	0.3	6	7	10	1.5	2.5
沥青混凝土路面	0.3	5	6	10	1.5	2.5
块石、炼砖路面	0.4	6	8	11	2	3
拳石、卵石路面	0.5	7	8	7	3	4
粒料路面	0.5	6	8	8	2.5	3.5
改善土路面	0.5	6	6	8	2.5	4
游步小道	0.3	—	8	—	1.5	3
自行车道	0.3	3	—	—	1.5	2
广场、停车场	0.3	6	7	10	1.5	2.5
特别停车场	0.3	6	7	10	0.5	1

3.4.5 居住区铺装设计功能与作用

铺装作为空间界面的一个方面而存在着，就像在进行室内设计时必然要把地板设计作为整个设计方案中的一部分统一考虑一样。居住小区铺装极其深刻地影响着居住区环境空间的景观效果，是整个空间界面不可缺少的一部分。

（1）实用性设计

① 为人流集散、休闲娱乐等活动提供场地　景观铺装的主要性能就是它的实用性，即以道路、广场、活动空间的形式为游人提供一个停留和游憩空间。景观铺装往往结合园林其他要素（如植物、园林小品、水体等）构成立体的外部空间环境，为人们提供休息、活动的场所。因此，在铺装设计中要根据铺装的不同功能类型进行设计。例如，人行与车行铺装应有不同的铺装基层与面层处理；儿童活动空间、健身场地活动空间可以选择有弹性、安全的塑胶地面；用于轮滑等活动的铺装面层要相对平整等。

② 划分空间　景观铺装通过材料或样式的变化体现空间界线，在人的心理上产生不同暗示，达到空间分隔及功能变化的效果。功能不同的两个活动空间往往采用不同的铺装材料，或者即使使用同一种材料，也采用不同的铺装样式。例如，休憩区与道路采用不同的铺装，则给人以从一个空间进入另一个空间之感，起到空间的过渡作用。

③ 交通引导　铺装材料可以提供方向性，即当地面被铺成带状或某种线形时，它便能指明前进的方向。铺装材料可以通过引导视线，将行人或车辆吸引到其“轨道”上，以指明如何从一个目标移向另一个目标。不过，铺装材料的这一导向作用，只有当其按照合理的运动路线被铺成带状或线状时，才会发挥；而当路线过于曲折变化，并使人感到走“捷径”较

容易时，其导向作用便难以发挥。

(2) 安全性设计

首先，室外场地铺装应注意防滑，主要从铺装面层工艺及防止青苔两方面入手。室外场地铺装不适于大面积使用光滑材质，比如面层抛光的石材。如使用石材铺装，按铺装的使用功能和使用频率可分别采用火烧面、荔枝面、斧凿面、拉丝面等表面处理工艺。光滑材质可运用于花池、树池等收边的位置，铺设宽度不应超过 30cm。

其次，在危险及容易发生事故的地段，铺装应予以提示。比如，台阶向下的第一级踏步应用铺装的质感或颜色予以提示，尤其是在台阶的级数较少、踢面高度较低的情况下。不设护栏的滨水场地临水处应以铺装的形式给人以提示。

(3) 艺术性设计

在居住区景观设计中，漂亮的铺装图案是不可忽略的重要组成部分，它对景观营造的整体形象有着极为重要的作用。在铺装细节设计上，要注意铺装伸缩缝、排水口、各种井盖等的美化处理。另外，良好的铺装景观对空间往往能起到烘托、补充或诠释主题的添彩作用。利用铺装图案强化意境，也是中国园林艺术的手法之一。这类铺装使用文字、图形、特殊符号等来传达空间主题，加深意境。

(4) 生态性设计

铺装的生态性设计越来越受到人们的重视。生态性设计表现在很多方面，比如：在铺装用材的选择上应该尽可能就地取材，以减少运输过程中的碳排放；用材选择上还应尽可能地符合 3R 原则（减量化、再利用、再循环三种原则的简称）；铺装结构层的处理应尽可能地考虑渗水，以减少雨水进入市政排水系统等。

3.4.6 铺装面层与基本做法

3.4.6.1 铺装面层分类

根据路面铺装材料，可以把居住区的路面铺装形式分为混凝土整体路面、石板铺装地面、砖铺地面和其他铺装四类。

(1) 混凝土整体路面

混凝土整体路面包括两类：一类是水泥混凝土路面，另一类是沥青混凝土路面（图 3-4-4）。

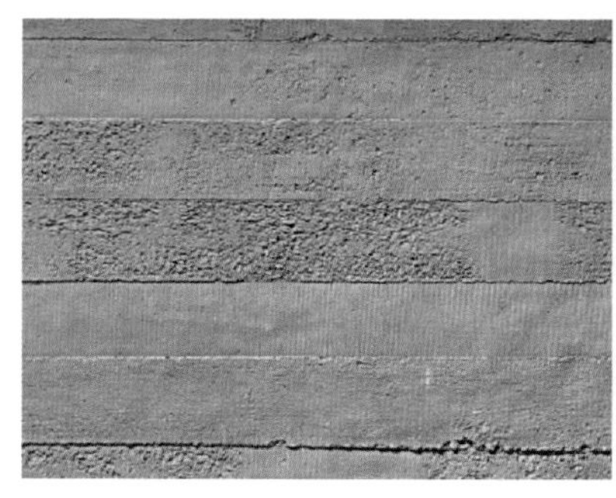

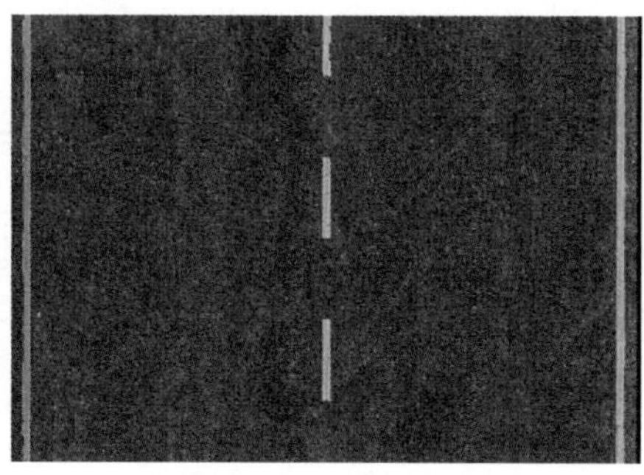

图 3-4-4 水泥混凝土路面和沥青混凝土路面

① 水泥混凝土路面 水泥混凝土路面一般为采用现浇方式形成的整体路面。由于该路面是刚性路面，因此每铺设一定距离，需要设置伸缩缝。水泥混凝土路面的面层处理有抹平、拉毛等多种方式。水泥混凝土路面较坚固，整体性好，耐压强度高，造价相对较低，在小区中多用于主干道。除了普通水泥混凝土路面外，也可采用彩色水泥进行路面铺设。

② 沥青混凝土路面　一般用60～100mm厚的泥结碎石层做基层，以30～50mm厚的沥青混凝土做面层。根据沥青混凝土骨粒粒径的大小，有细粒式、中粒式和粗粒式沥青混凝土可供选用。这种路面属于黑色路面，平整度好，耐压、耐磨，手工和养护管理简单。除了普通沥青混凝土路面外，园林中还经常采用彩色沥青进行路面铺设。彩色沥青具有色彩鲜明、化学性质稳定等特性，目前具有红、绿、黄等几大色系，并可根据客户的要求进行色彩设计。

（2）石板铺装地面

园林中常见的用于地面铺装的板材有花岗岩、板岩、页岩、砂岩等。板材的大小有600mm×600mm、600mm×300mm、300mm×300mm、400mm×400mm、400mm×200mm、300mm×150mm等不同的规格。厚度根据荷载不同也有不同规格：一般用于人行时，厚度20～30mm即可；车行时厚度达40～60mm。

花岗岩的常见面层处理方式（图3-4-5）如下。

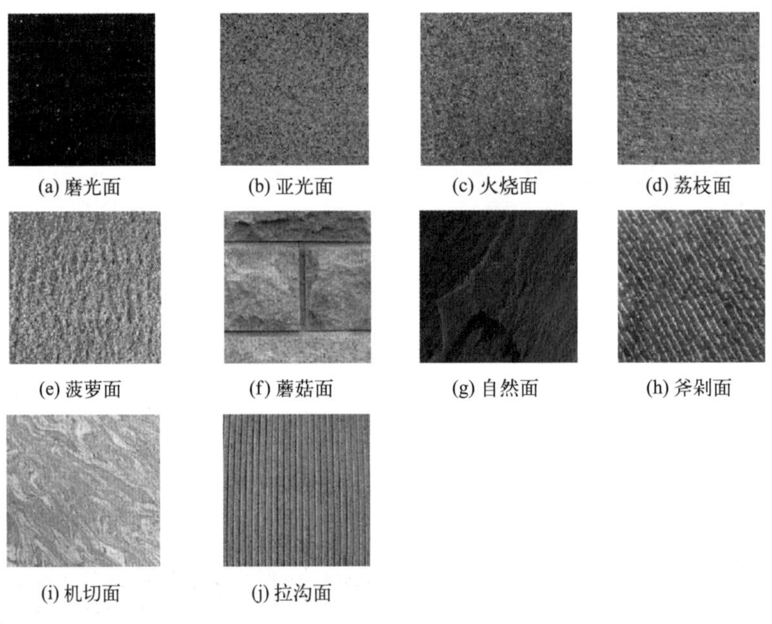
(a) 磨光面　(b) 亚光面　(c) 火烧面　(d) 荔枝面
(e) 菠萝面　(f) 蘑菇面　(g) 自然面　(h) 斧剁面
(i) 机切面　(j) 拉沟面

图3-4-5　常见面层处理方式

① 磨光面（抛光面）　是指表面平整，用树脂磨料等在表面形成抛光，使之具有镜面光泽的板材面层。一般石材光泽度可以做到80～90度，有些可达100度，但有些只能磨到亚光。

② 亚光面　是指表面平整，用树脂磨料等在表面进行较少的磨光处理的板材面层。其光泽度较磨光面低，一般在30～50(60）度。有一定光泽度，无光污染。

③ 火烧面　是指用乙炔、氧气或丙烷、石油液化气等燃烧产生的高温火焰对石材表面加工而形成的粗饰面。要烧成火烧面，石材至少要有20mm的厚度，以防止石材破裂。

④ 荔枝面　是指用形如荔枝皮的锤在石材表面敲击，表面上形成很多小洞，形成如荔枝皮的粗糙表面。荔枝面分为机切面和手工面两种，后者较前者细密，但费工费时。

⑤ 菠萝面　表面与荔枝面相比更加凹凸不平，如菠萝表皮一般。

⑥ 蘑菇面　是指在石材表面用凿子和锤子敲击形成如起伏山形的板材。这种加工法需要石材至少30mm厚，大量运用于围墙上。

⑦ 自然面　用锤子将一块石材从中间自然分裂开来，形成的表面效果与自然开裂相似，极为粗犷。

⑧ 斧剁面　也叫龙眼面，即在石材表面用斧剁敲，形成非常密集的条状纹理，像龙眼的皮一样。

⑨ 机切面　用圆盘锯、砂锯或桥切机等设备切割石材，表面较粗糙，带有明显的机切纹路。

⑩ 拉沟面　也叫拉丝面，即在石材表面拉开具有一定深度和宽度的沟槽。

（3）砖铺地面（图 3-4-6）

(a) 青砖

(b) 广场砖

(c) 植草砖

(d) 面包砖

(e) 混凝土砖

图 3-4-6　常见砖铺地面类型

① 青砖　用黏土烧制而成，主要规格有 60mm×240mm×10mm、75mm×300mm×120mm、100mm×400mm×120mm、240mm×115mm×53mm、400mm×400mm×50mm 等。青砖铺装的效果较为素雅、沉稳、古朴、宁静，多用于中式或新中式风格。

② 广场砖　属于耐磨砖的一种，主要用于广场、人行道等范围大的地方。砖体色彩简单，砖体积小，有麻面、釉面等形式，具有防滑、耐磨、修补方便的特点。广场砖主要规格有 100mm×100mm、108mm×108mm 等。主要颜色有白色、黄色、灰色、浅蓝色、紫砂红、紫砂棕、紫砂黑、黑色、红棕色等。广场砖还配套有盲道砖和止步砖，颜色一般为黄色、灰色和黑色。

③ 植草砖　专门铺设在人行道路及停车场、具有植草孔、能够绿化路面及地面工程的砖和空心砌块等。其表面可以有面层（料）或无面层（料）。本色的或彩色的混凝土植草砖的草坪覆盖率可达 30%。按其孔形分为方孔、圆孔或其他孔形植草砖。

④ 面包砖　又称荷兰砖，透水性好，具有防滑、耐磨、修补方便的特点。面包砖常用颜色有红色、黄色、黑色、酱色、蓝色、橙色等。较常见的规格有 200mm×100mm×60mm、150mm × 150mm × 60mm、230mm × 230mm × 60mm、200mm × 100mm × 80mm 等。

⑤ 混凝土砖　园林中用于铺装的混凝土砖多为彩色方形，颜色有红色、黄色、绿色、白色、米色等；一般为亚光面并且有图案，也有一些混凝土砖表面没有图案；常见的规格有 500mm×500mm、400mm×400mm、300mm×300mm 等。

（4）其他铺装（图 3-4-7）

① 小料石　是车道、广场、人行道等常用的路面铺装材料。由于小料石呈正方体骰子状，因此又被称作方头弹石。铺筑材料一般采用白色花岗岩系列，此外还有意大利出产的棕色花岗岩小料石或大理石小料石。路面的断面结构可根据使用地点、路基状况而定。

② 卵石　是园林中最常用的一种路面面层材料。具体做法是在混凝土层上摊铺 20mm 以上厚度的砂浆，然后平整嵌砌卵石，最后用刷子将水泥砂浆整平。卵石嵌砌路面主要用于园路。路面的铺筑厚度主要视卵石的粒径大小而异，其断面结构也会因使用场所、路基等不同而有所不同，但混凝土层的标准厚度一般为 100mm。

图 3-4-7 其他常见铺装

③ 水洗石 浇注预制混凝土后，待其固定到一定程度（24～48 小时）后用刷子将表面刷光，再用水冲洗，直至砾石均匀露出。这是一种利用小砾石配色和混凝土光滑特性的路面铺装，除园路外，一般多用于人工溪流、水池的底部铺装。利用不同粒径和品种的砾石，可铺成多种水洗石路面。该种路面的断面结构视使用场所、基地条件而异，一般混凝土层厚度为 100mm。

④ 防腐木 是将木材经过特殊防腐处理后，具有防腐烂、防白蚁、防真菌功效的专门用于户外环境的露天木地板，并且可以直接用于与水体、土壤接触的环境中。它是户外木地板、园林景观地板、户外木平台、露台地板、户外木栈道及其他室外防腐木凉棚的首选材料。

⑤ 塑木 顾名思义就是实木与塑料的结合体。它既保持了实木地板的亲和性感觉，又具有良好的防潮耐水、耐酸碱、抑真菌、抗静电、防虫蛀等性能。

⑥ 塑胶地面 以各种颜料橡胶颗粒如 EPDM 颗粒为面层，以黑色橡胶颗粒为底层，使用黏结剂经过高温硫化热压所制成；具有高度吸震力及止滑效果，能减少从高处坠下而造成的伤害，为大人或小孩在运动时提供保护并使其感觉舒适。此种安全地面长久耐用、容易清洁，适合铺设于室内外，适用于各种场地。

3.4.6.2 铺装做法

上述常见铺装的典型做法如表 3-4-2 所示。

表 3-4-2 常见铺装做法

铺装名称	人行	车行
混凝土路面	(1)60 厚 C20 混凝土路面，振捣密实、随捣随抹，分格长度不超过 6m，沥青砂嵌缝。 (2)150 厚碎石或砖石，灌 M2.5 水泥砂浆。 (3)素土夯实	(1)120～220 厚 C25 混凝土面层（分块捣制，振捣密实，随打随抹平，每块路面长度不大于 6m，沥青砂或沥青处理松木条嵌缝）。 (2)200 厚卵石或碎石，灌 M2.5 水泥砂浆。 (3)路基压实度>98%（环刀取样）
沥青路面		(1)50 厚沥青混凝土面层压实。 (2)60 厚碎石，碾压密实。 (3)200 厚碎石或碎砖，灌 M2.5 水泥砂浆。 (4)路基压实度>98%（环刀取样）

续表

铺装名称	人行	车行
石板路面	(1)20～30厚石板,水泥砂浆勾缝。 (2)30厚、1∶3水泥砂浆结合层。 (3)100厚C15混凝土垫层。 (4)100厚碎石或碎砖,灌M2.5水泥砂浆。 (5)素土夯实	(1)50厚石板,水泥砂浆勾缝。 (2)30厚、1∶3水泥砂浆结合层。 (3)120～220厚C25混凝土。 (4)200厚卵石或碎石,灌M2.5水泥砂浆。 (5)路基压实度>98%(环刀取样)
广场砖路面	(1)8～10厚广场砖,干水泥勾缝。 (2)撒素水泥面(洒适量清水)。 (3)20厚、1∶2硬性水泥砂浆黏结层。 (4)刷素水泥砂浆一道。 (5)100厚C15混凝土垫层。 (6)100厚碎石或碎砖,灌M2.5水泥砂浆。 (7)素土夯实	(1)8～10厚广场砖,干水泥勾缝。 (2)撒素水泥面(洒适量清水)。 (3)20厚、1∶2干硬性水泥砂浆黏结层。 (4)刷素水泥砂浆一道。 (5)120～220厚C25混凝土垫层。 (6)200厚碎石或碎砖,灌M2.5水泥砂浆。 (7)路基压实度>98%(环刀取样)
青砖路面 面包砖路面 混凝土砖路面	(1)路面材料。 (2)30厚、1∶3水泥砂浆。 (3)100厚C15混凝土。 (4)100厚卵石或碎石,灌M2.5水泥砂浆。 (5)素土夯实	(1)路面材料。 (2)30厚、1∶3水泥砂浆。 (3)120～220厚C25混凝土。 (4)200厚卵石或碎石,灌M2.5水泥砂浆。 (5)路基压实度>98%(环刀取样)
小料石路面	(1)50厚、100×100石材。 (2)30厚、1∶3水泥砂浆。 (3)100厚C15混凝土层。 (4)100厚碎石垫层。 (5)素土夯实	(1)50厚、100×100石材 (2)30厚、1∶3水泥砂浆。 (3)120～220厚C25混凝土。 (4)200厚石或碎石,灌M25水泥砂浆。 (5)路基压实度>98%(环刀取样)
卵石路面	(1)60厚C20细石混凝土砌卵石面层。 (2)20厚粗砂垫层。 (3)150厚碎石或碎砖,灌M2.5混合砂浆。 (4)素土夯实	
水洗石路面	(1)10厚、1∶2水泥石子粉面,水刷露出石子面。 (2)素水泥浆结合层一道。 (3)20厚、1∶3水泥砂浆找平层。 (4)80厚C15混凝土。 (5)150厚卵石或碎石,灌M2.5泥浆。 (6)素土夯实	
防腐木路面 塑木路面	(1)20厚、120宽防腐木或塑木,缝宽10。 (2)50×50防腐木龙骨,中距600。 (3)100厚C15混凝土。 (4)100厚碎石或碎砖垫层。 (5)素土夯实	
塑胶路面	(1)塑胶地面。 (2)30厚细沥青混凝土(最大骨粒粒径15)。 (3)40厚粗沥青混凝土(最大骨粒粒径15)。 (4)150厚天然砂石压实(大块骨粒占60%)。 (5)素土夯实	
植草砖地面		(1)60厚植草砖。 (2)30厚中砂层。 (3)150厚C15素混凝土。 (4)200厚碎石垫层。 (5)素土夯实

注：未注明的尺寸单位都是mm。

3.5 植物设计

3.5.1 居住区植物配置

居住区植物配置是绿化景观设计的关键，一方面关系到绿化生态系统的正常运作，另一方面关系到四季轮换的观赏效果。配置设计应两者兼顾，最终实现植物的自然生长与景观审美的和谐统一。

（1）居住区植物配置原则

① 生态原则　绿化配置应当注重生态平衡，维护生态功能。例如，选择本地的植物物种，以提高植物的适应性，并避免引入外来物种对当地生态系统造成破坏。

② 可持续性原则　绿化配置应当注重可持续性，强调植物的水源管理和土壤保护。例如，使用雨水收集系统来提供浇水水源，并合理规划排水系统，以防止水资源的过度消耗和土壤侵蚀。

③ 功能性原则　绿化配置应当注重功能性，满足居民的活动需求。此外，还应考虑在居住区内设置防护带，以减少噪声和空气污染的影响。

④ 美学原则　绿化配置应当注重美学效果，提升居住区的整体形象。例如，在居住区内合理布置植物和景观元素，以改善视觉效果和景观层次感。同时，考虑使用不同形状、颜色和纹理的植物，以创造出丰富多样的视觉效果。

（2）植物配置方式

植物配置方式是指居住区观赏植物搭配的样式或排列方式，按平面形式分为规则式、自然式和混合式三大类。

① 规则式配置整齐、严谨，具有一定的株行距，且按固定的方式排列，可形成整齐、规则的形态，能产生较庄重的效果，多在入口等处布置。

② 自然式配置自然、灵活，参差有致，没有一定的株行距和固定的排列方式，但更具灵活性，使整体效果更加轻松而富有韵律感。

③ 混合式配置是在某一植物造景中，同时采用规则式和自然式的配置方式。

植物配置的具体方式有孤植、对植、列植、丛植和群植等（表 3-5-1）。

表 3-5-1　植物配置基本组合

组合名称	组合形态及效果	种植方式
孤植	突出树木的个体美，可成为开阔空间的主景。往往位于构图中心，成为视线焦点	多选用粗壮高大、形态优美、树冠较大的乔木
对植	突出树木的整体美，外形整齐美观，高矮大小基本一致，起到烘托主景作用	以乔木、灌木为主，在轴线两侧对称种植
丛植	以多种植物组合成观赏的主体，形成多层次的绿化结构。可作为主景和配景使用，也可用来分隔空间	以遮阳为主的丛植多由数株乔木组成；以观赏为主的丛植多由乔木、灌木混合组成
群植	由观赏树组成，表现整体的造型美，产生起伏变化的背景效果，衬托前景或建筑物，可形成多变的景观焦点	由数株同类或异类树种混合种植，一般树群长宽比不超过 3∶1，长度不超过 60m。要达到理想的群体轮廓效果，景观视距须大于树高的 2 倍
列植	沿景观中心区或景物周围有规律地种植，起到陪衬作用	沿直线或曲线以等距离或在一定变化规律下栽植树木，形成行列或环状形态。树木种类可以单一，也可以在两种以上

续表

组合名称	组合形态及效果	种植方式
草坪	分观赏草坪、游憩草坪、运动草坪、交通安全草坪、护坡草坪，主要种植矮小草本植物，通常成为绿地景观的前景	按草坪用途选择品种，一般容许坡度为1%～5%，适宜坡度为2%～3%

（3）植物种类选择

① 采用乡土植物　乡土植物是指本地域固有的植物种群。从外地引入的植物种类称为外来植物，一部分外来植物经过长期的演化适应了当地的生态环境而成为归化植物。从生物多样性保护与人文景观保护角度来看，人为地引种及利用外来植物进行绿化存在许多弊端，若利用不当，会扰乱当地已经稳定的自然生态基因系统，造成绿化景观与当地固有的风土人情的不协调等。因而小区植物配置应尽量采用乡土植物，适当考虑归化植物，少量采用外来植物。

② 常绿树与落叶树　常绿树和落叶树具备各自不同的绿化与景观效用。常绿树四季常青，是绿化景观的基础，而落叶树可以带来富有变化的植物季相。

在具体配置中，既要考虑环境景观的综合效果，还应注意绿化与住宅之间是否存在着冬遮阳光、夏挡季风的现象。

③ 乔木与灌木　乔木的种植除用于小区主体绿化外，还应突出其观赏性。首先，乔木的树干树姿丰富多样，是植物造景不可忽略的因素，如梧桐树干花纹斑驳美丽，蜡梅树枝曲折有致，垂柳枝叶温柔秀美，都能给人以不同审美感受；其次，乔木具有花、果、叶色等多种观赏点，可以用树林、树丛或孤植点景等方式进行配置，形成诸如桃花林、杏花丛、红枫孤立等优美独特的景致。设计中可运用常绿的小乔木和灌木，如桂花、含笑、山茶、十大功劳、南天竹等作为中层绿化植物以衬托上层乔木，增加绿化的层次感；同时，应适当搭配花灌木，做到四季有花景，可选择一些香花类小乔木与灌木布置在住宅入口、窗口及阳台附近，如栀子花、桂花、丁香花、浓香月季等，从而使室外的花香氛围渗入到室内。

此外，小乔木与灌木还常组合成绿篱，形成隔离绿化，一方面起到隔离不良环境的作用，如对小区内的垃圾站、锅炉房、变电箱等欠美观的区域加以隐蔽；另一方面起到划分景观空间、形成背景绿化等作用。

④ 藤本植物　藤本植物一般指不能直立生长，必须依附一定物体攀援的植物种类。在配置植物时，可利用其攀援性来丰富造景，如可设计各种形态的框架供其攀爬，形成植物立体空间，用作供居民纳凉的廊架、凉亭等。常用常绿藤本植物有常春藤、扶芳藤、各种藤本月季等，落叶藤本植物有凌霄花、葡萄、爬山虎、五叶地锦等。

⑤ 竹类植物　竹类属于特殊的树木类型。其主干直立、节间内空，历来深受国人的喜爱，在中国古诗中就有许多关于竹的形容——“未曾出土先有节，纵凌云处也虚心”“深竹风开合，寒潭月动摇”。竹类隐喻着“高风亮节”的性格特征，成片栽植可形成宁静高雅的意境，多用于庭院式的环境创造以及绿篱背景或屏障设计中。

⑥ 地被植物　地被植物一般指较低矮的草本植物，首先可用作绿化基调，如种植大片草坪供居民观赏、休闲；同时还应注重配置各种草花类地被植物，以红花酢浆草、石蒜、石竹、葱兰、鸢尾、萱草等多年生草花为首选。草花植物在养护上，不用经常割草，病虫害也较少，可大大降低养护管理成本，达到绿化、美化的效果；同时可以在不同时期陆续开花，形成花景不断的景象。

⑦ 保健植物、花卉及色叶植物　基于现代居民对健康的要求，小区绿化树种还可优先

考虑美观、生长快、管理粗放的药用、保健及香味植物，既利于净化空气、抗污吸污，又利于人体健康、调节身心，同时也可美化环境。如香樟、银杏、雪松、龙柏、枇杷、无花果、含笑、牡丹、萱草、玉簪、鸢尾、吉祥草、野菊花等乔灌木及草花等。在优先选择保健植物的同时还应注意选择花期较长的花卉及色叶植物，如垂丝海棠、木瓜海棠、紫荆、榆叶梅、蜡梅、黄馨、金钟花、迎春、棣棠、紫薇、栀子花、桂花、红枫、鸡爪槭、红瑞木等。

居住区绿地常用植物类别及特征如表 3-5-2 所示。

表 3-5-2　居住区绿地常用植物类别及特征

<table>
<tr><th>种类</th><th>特点</th><th colspan="2">分类及其特征</th></tr>
<tr><td rowspan="2">乔木</td><td rowspan="2">体型高大(在 5m 以上)，主干明显，分枝点高，寿命长</td><td>按高度分</td><td>大乔木：20m 以上(如松树、云杉树)；
中乔木：10～<20m(如槐树)；
小乔木：5～<10m(如山桃树)</td></tr>
<tr><td>按落叶状态分</td><td>常绿乔木：阔叶常绿乔木(如广玉兰、樟树)，针叶常绿乔木(如雪松、桧柏)；落叶乔木：阔叶落叶乔木(如枫杨、银杏)，针叶落叶乔木(如水杉、池杉)</td></tr>
<tr><td rowspan="2">灌木</td><td rowspan="2">树体矮小(不足 5m)，没有明显主干，多呈丛生状态</td><td>按高度分</td><td>大灌木：超过 2m(如木兰、海桐)；
中灌木：1～2m(如一品红、太平花、麻叶绣球)；
小灌木：不足 1m(如金丝梅、六月雪)</td></tr>
<tr><td>按落叶状态分</td><td>常绿灌木(如瓜子黄杨、石楠)；
落叶灌木(如玫瑰、丁香)</td></tr>
<tr><td>藤本植物</td><td>依靠其特殊器官(吸盘或卷须)或靠蔓延作用依附在其他物体上</td><td colspan="2">常绿藤木(如常春藤)；落叶藤木(如紫藤、凌霄、葡萄)</td></tr>
<tr><td>竹类植物</td><td>干木质浑圆，中空而有节，皮翠绿色。花不常见；一旦开花，大多数于花后全株死亡</td><td colspan="2">散生型竹(如毛竹、淡竹)；
丛生型竹(如麻竹、青皮竹)</td></tr>
<tr><td>花卉植物</td><td>姿态优美，花色艳丽，花香馥郁，是具有观赏价值的草本或木本植物，但通常多指草本植物</td><td colspan="2">一年生花卉：春季播种，当年开花(如鸡冠花、万寿菊)；
二年生花卉：秋季播种，次年开花(如金盏花、羽衣甘蓝)；
多年生花卉(或称宿根花卉)：草本花卉，一次栽植后能多年连续生存，年年开花(如芍药、萱草)；
球根花卉：花卉的茎或根肥大，呈球状或鳞片状(如大丽花)；
水生花卉：生于水中，其根或伸入泥中，或浮在水中(如荷花、玉莲)</td></tr>
<tr><td>草坪植物</td><td>低矮的草本植物，用以覆盖地面</td><td colspan="2">如野牛草、羊胡子草、狗牙根、结缕草</td></tr>
</table>

（4）植物配置设计

① 绿化种植空间尺度控制规定　进行绿化配置时应充分了解植物的生长习性、生长空间以及根系的发展空间，处理好因此带来的各种间距问题。这里节选《居住区环境景观设计导则》中的相关内容以供参考（表 3-5-3～表 3-5-7）。

表 3-5-3　绿化植物栽植间距

名称	中心点最小间距/m	中心点最大间距/m
一行行道树	4.00	6.00
两行行道树	3.00	5.00

续表

名称		中心点最小间距/m	中心点最大间距/m
乔木群栽		2.00	
乔木与灌木		0.50	
灌木群栽	大灌木	1.00	3.00
	中灌木	0.75	0.50
	小灌木	0.30	0.80

表 3-5-4 绿化带最小宽度

名称	最小宽度/m	名称	最小宽度/m
一行乔木	2.00	一行灌木带(大灌木)	2.50
两行乔木(并列栽植)	6.00	一行乔木与一行绿篱	2.50
两行乔木(棋盘式栽植)	5.00	一行乔木与两行绿篱	3.00
一行灌木带(小灌木)	1.50		

表 3-5-5 绿篱树的行距和株距

栽植类型	绿篱高度/m	株行距/m		绿篱计算宽度/m
		株距	行距	
一行中灌木	1～2	0.40～0.60	—	1.00
两行中灌木	1～2	0.50～0.70	0.40～0.60	1.40～1.60
一行小灌木	<1	0.25～0.35	—	0.80
两行小灌木	<1	0.25～0.35	0.25～0.30	1.10

表 3-5-6 绿化植物与建筑物、构筑物的最小间距

建筑物、构筑物名称	最小间距/m	
	至乔木中心	至灌木中心
建筑物外墙(有窗)	3.0～5.0	1.5
建筑物外墙(无窗)	2.0	1.5
挡土墙顶内和墙角外	2.0	0.5
围墙	2.0	1.0
道路路面边缘	0.75	0.5
人行道路面边缘	0.75	0.5
排水沟边缘	1.0	0.5

表 3-5-7 绿化植物与管线的最小间距

管线名称	最小间距/m	
	至乔木中心	至灌木中心
给水管、闸井	1.5	不限
污水管、雨水管、探井	1.0	不限
煤气管、探井	1.5	1.5
电力电缆、电信电缆、电信管道	1.5	1.0

续表

管线名称	最小间距/m	
	至乔木中心	至灌木中心
热力管(沟)	1.5	1.5
地上杆柱(中心)	2.0	不限
消防龙头	2.0	1.2

② 道路交叉口植物布置规定　小区内车行道路的交叉口处，应留出非植树区，以保证行车的安全视距，即在该视野范围内不应栽植高于1m的植物，而且不得妨碍交叉口路灯的照明，为交通安全创造良好条件。非植树区的预留距离参考表3-5-8的规定。

表 3-5-8　非植树区预留距离规定

条件	预留距离	条件	预留距离
行车速度≤40km/h	非植树区不应小于30m	机动车道与非机动车道交叉口	非植树区不应小于10m
行车速度≤25km/h	非植树区不应小于14m		

③ 古树名木保护　根据国家《城市古树名木保护管理办法》中的规定，古树是指树龄在一百年以上的树木，名木是指国内外稀有的以及具有历史价值和纪念意义等重要价值的树木。古树名木分为一级和二级：凡是树龄在300年以上，或特别珍贵、稀有，具有重要历史价值和纪念意义、重要科研价值的古树名木为一级；其余为二级。一级古树名木要报国务院建设行政主管部门备案；二级古树名木要报省、自治区、直辖市建设行政主管部门备案。新建、改建、扩建的建设工程影响古树名木生长的，建设单位必须提出避让和保护措施。

在小区用地环境中如果存在古树名木，设计时可围绕古树名木以点景的方式做景观处理，尽量发挥其文化历史价值，增添小区的景观内涵。同时，应重视对古树名木的保护，提倡就地保护，避免异地移植。

注：

《居住区环境景观设计导则》(2006版）节选：

4.17.2　古树名木的保护必须符合下列要求。

〈1〉古树名木保护范围的划定必须符合下列要求：成行地带外绿树树冠垂直投影及其外侧5m宽和树干基部外缘水平距离为树胸径20倍以内。

〈2〉保护范围内不得损坏表土层和改变地表高程，除保护及加固设施外，不得设置建筑物、构筑物及架（埋）设各种过境管线，不得栽植缠绕古树名木的藤本植物。

〈3〉保护维护附近，不得设置会造成对古树名木有害的水、气的设施。

〈4〉采取有效的工程技术措施和创造良好的生态环境，维护其正常生长。国家严禁砍伐、移植古树名木，或转让买卖古树名木。在绿化设计中要尽量发挥古树名木的文化历史价值的作用，丰富环境的文化内涵。

④ 植物空间组合　植物具有构成自然空间的机能，如：绿篱能够分隔空间；树冠浓厚的伞形树木可形成冠下自然凉亭空间；膝高植物列植成排，可形成空间引导。植物以各种方式交互搭配，可形成更加丰富的空间效果。这些空间效果的处理与植物组合的高度和密度关系密切，其常用搭配方式及效果可参考表3-5-9。

表 3-5-9 植物空间组合效果

植物分类	植物高度/cm	空间效果
花卉、草坪	13～15	能覆盖地表，美化开敞空间，在平面上暗示空间
灌木、花卉	40～45	产生引导效果，界定空间范围
灌木、竹类、藤本类	90～100	产生屏障功能，改变暗示空间的边缘，限定交通流线
乔木、灌木、藤本类、竹类	135～140	分隔空间，形成连续完整的围合空间
乔木、灌木	高于水平视线	产生较强的视线引导作用，可形成较私密的交往空间
乔木、藤本类	高大树冠	形成顶面的封闭空间，具有遮蔽功能，并改变天际线轮廓

3.5.2 各功能空间植物配置模式

(1) 居住区出入口

居住区出入口植物配置是指设计和安排社区入口和出口区域的植物，以增添绿色景观，美化社区环境（图 3-5-1)。植物配置可以根据社区的整体规划设计、建筑的风格、环境氛围、当地的气候条件以及居民的偏好来选择和设计，同时要考虑植物的养护难度和生长适应性。

图 3-5-1 出入口植物配置

以下是几种常见的居住区出入口植物配置模式：

① 植物围墙 在居住区的出入口处设置一道绿色围墙。可以选择适合当地气候和土壤条件的灌木、攀援植物或绿篱植物。这种配置模式可以提供隐私保护和绿色屏障，并为进出社区的居民和访客营造温馨的环境。

② 花坛和景观床 在居住区的出入口区域设置花坛或景观床，选择各种花草等植物来营造丰富多彩的景观。可以根据季节的变化选择不同的花卉，以保持景观的新鲜感和变化。

③ 接待区绿化 在居住区的接待区域设置绿化装饰，如种植大型盆栽、树木或创造小型花园。这样可以为社区居民和访客提供一个舒适和友好的空间，在进入社区时给予美好的第一印象。

④ 垂直花园和悬挂篮 利用墙面或立柱设置垂直花园系统或悬挂篮，选择适合垂直生长的植物进行种植。这种配置模式可以最大限度地利用空间，并提供视觉上的愉悦和绿意。

⑤ 彩色季节植物 根据不同季节的特点和气候条件，选择具有鲜艳色彩、花期较长的

植物进行配置。这样可以随着季节的变化展现出不同的花卉景色，为居住区出入口增添生机和活力。

（2）景观轴线（中心区）

居住区景观轴线植物配置是围绕居住区内的景观轴线或中心景观进行植物布置。通过在景观轴线上选择和安排合适的植物，可以创建出引人注目的景观特色和视觉延伸效果。以下是居住区景观轴线植物配置的设计要点：

① 合理搭配各类植物　对于轴线以及中心景观，其植物配置应当通过乔木、灌木、地被等多种形式的植物搭配打造高低错落、具有跌宕起伏韵味的多样化景观。要采用乔木、灌木、花、草相结合的模式，充分考虑树木的习性、特性（色彩和形体等），注意株间距，以保证足够的阳光和生长空间。

② 灵活运用多种栽植方式　轴线景观为居住区的核心景观，其绿化配置应当运用多种栽植方式，使之在统一中寻求变化。例如，入口处和轴线两侧可运用对植和列植的方式，选择高大挺拔的树木，如榉树、银杏或楸树等，营造仪式感（图 3-5-2）；在空间焦点处可以用孤植的方式，利用植物个体的形体美烘托、营造主景。

图 3-5-2　中心景观阵列式种植，营造仪式感

③ 遵从空间属性　轴线和中心景观一般由以居民活动行进为主的绿地和以休闲观赏为主的绿地组成，其植物配置应当遵从空间属性。对休闲使用的，可采用立体形式的综合绿化，选择整体性较强的绿地，增加景观的通透性和观赏性，同时可以根据休闲属性，选择季相特征明显的树种，增强空间记忆点；对居民活动行进区域的绿化，则应选择草坪或灌木等生长周期较长、耐修剪、适合踩踏的品种。

④ 注重视觉延伸　在居住区的景观轴线，可以利用植物栽植的透视效果来增加空间感和景深。逐渐变化植物高度和配置密度，比如从低矮的灌木到高大的树木，创造出远近层次

感和连续性的视觉效果。

(3) 儿童活动空间

居住区儿童活动场地作为儿童使用频率最高的公共空间，进行植物搭配时，乔木作为骨架树种提供适当的庇荫空间，小乔木和灌木构成中层景观，下层选择耐践踏、耐修剪品种草坪，供儿童在草地中自由活动。整体要考虑儿童观赏的视角，选择合理高度的植物，为儿童创造安全、有趣和有益的环境。具体需要考虑以下几点：

① 安全　在为儿童活动空间选择植物时，安全是首要考虑因素。避免选择有毒的植物或具有刺激性的植物，以防止儿童误食或接触到有害物质。此外，尽量避免选择有尖刺或易折断的植物，以减少潜在的伤害风险，参考表 3-5-10。

表 3-5-10　儿童活动场地不宜选取的植物

植物类别	易构成的威胁	植物品种
带刺的植物	易刺伤儿童皮肤	枸骨、剑麻、蔷薇、月季、刺槐、洋槐、黄刺梅、枣树、花椒、凌霄
刺激性植物	易引起过敏	漆树、万年青
宜发生病虫害植物	易引起皮肤红肿	钻天杨、桑树、构树、乌桕、柿树
过多飞絮植物	易引起呼吸道问题	杨树、柳树(种植雄植株为宜)
有毒植物	易中毒	夹竹桃、绣球花、南天竹、银杏

② 互动性和教育性　选择具有互动性和教育性的植物，可以激发儿童的好奇心和学习兴趣。选择易于观察和体验的多肉植物、观叶观果植物或香草类植物等，如向日葵、紫罗兰，让儿童能够参与植物的生长和养护过程。还可选择具有较好触摸和嗅觉体验的植物，让儿童能够亲近和感知植物的质地、形状和香气。例如，一些具有柔软叶子或有特殊气味的植物可以提供丰富的感官体验（图 3-5-3）。

图 3-5-3　儿童区体验性种植

③ 趣味和色彩　在儿童活动空间添加一些色彩鲜艳和有趣的植物，会增加视觉吸引力和乐趣。可以选择一些花卉植物或叶片带有鲜明颜色和有趣形态的植物，利用四季变化激发孩子们对植物的认知与探索欲望。

④ 空间利用　根据儿童活动空间的规模和布局，选择合适的植物配置，以确保植物不会过于拥挤或妨碍儿童的活动。可以选择适合儿童活动空间的小型植物、盆栽或垂直种植方案，以最大化利用空间；不同年龄段的儿童活动区域还可以利用低矮的灌木、草坪、特色种植区等进行界定和分隔；利用冠大荫浓的乔木起到庇荫和凉爽作用。

(4) 老年人活动空间

进行居住区老年人活动空间的植物配置时应分析老年人身心特点及需求，合理配置，为老年人提供安全、舒适、放松的环境。具体考虑以下几个方面：

① 舒适和放松　植物选择要能为活动场地发挥降温增湿、固碳释氧、减噪消音、防风滞尘、净化杀菌等作用。选择生态效益高的植物，创造健康、舒适的锻炼环境；同时，通过风光定位与合理配置，营造夏季遮阴、冬季透光、冬暖夏凉的小气候。另外，还可以选择令老年人感到舒适和放松的植物。例如，可以选择具有柔和色调和宽大叶子的植物，如白玉兰、菩提树、红枫等，营造温暖、平静的氛围。

② 感知性　建议通过植物弥补老年人感知功能的衰退，通过植物的形状、气味、声音、触觉给予老年人多种感官上的触动。适当多选用芳香型和傍晚开花的植物，如桂花、紫薇等，给老年人嗅觉上的享受，同时招引蝶虫与鸟类，使所至之处鸟语花香，充满生机与活力。

③ 心理关照　选择具有文化意义的植物会让老年人更多地找到家的归属感。老年人在心理上对于植物的文化寓意极为敏感，例如银杏是健康长寿、幸福吉祥的象征，桃树是福寿绵绵的象征，石榴代表多子多福，牡丹代表富贵吉祥等。

④ 养生和保健　栽植有养生和保健疗效的植物品种更有利于老年人的身体健康，例如：金银花释放的芳香类物质可降血压；薄荷具有祛痰止咳的功效；薰衣草香气具有抗菌消炎、降血压的作用；银杏等植物的挥发物对骨关节疼痛等有很好的缓解作用等。

⑤ 安全　在选择植物时，要考虑到老年人的安全问题。避免选择有刺或具有毒性的植物，以防止老年人意外受伤或误食；绿地尽可能平坦，避免种植带刺及根茎易露出地面的植物，造成行走的障碍；花坛或种植池尽量高出地面至少 25cm，防止老年人被绊倒。

(5) 居住区运动空间

居住区运动空间的植物配置旨在打造与自然环境融合、美观舒适的运动场所，发挥植物功效，提供良好的运动体验和休憩环境。居住区运动空间植物配置可以从三个方面考虑：

① 美化与舒适　居住区运动空间的植物配置应注重环境美化和提供舒适的运动体验。这意味着选择适合户外环境的植物，如耐旱、耐寒或适应阳光照射的植物品种，以确保它们在各种天气条件下生长茂盛。

② 功能需要　居住区运动空间植物配置可以根据空间的设计和功能进行优化。例如，在跑步道或步行区域周围选择低矮的植物，以确保视野的开阔和安全性；而在休息和休闲区域可以选择高大、郁郁葱葱的植物，为用户提供遮阳和放松的空间。

③ 空气净化　居住区运动空间植物配置还应考虑选择具有空气净化功能的植物，以改善空气质量。针对中青年运动量大、需氧量大等特点，可以选择冠大荫浓、绿量足，且富含空气负离子成分、具有净化空气等作用的品种。例如，银杏富含空气负离子，能够吸收有毒气体；元宝枫、国槐、栾树、海棠、丁香、木槿等植物品种滞尘效果较好，合理搭配能起到很好的降尘效果，有效改善空气状况。

(6) 组团绿地与宅间绿地

组团绿地与宅间绿地空间设计以绿化为主，其植物配置应注重环境效益，从生态园林角度出发进行布局，绿化覆盖率一般不低于 75%，并利用多层次的复合结构，创造“春花、夏荫、秋实、冬青”的四季景观。宅间绿地的主要种植模式包括：

① 聚合庭院绿地　在居住区内创建集中的绿化庭院空间，可以选择的植物包括乔木、灌木、多年生花卉和草坪，结合花坛座椅等休憩设施，为居民提供集中的户外休闲和社交区域。通过植物的搭配可创造出绿荫、花香和开放的空间感（图 3-5-4）。

图 3-5-4　宅间聚合庭院绿地

② 个性化花园绿地　鼓励居民在居住区内的绿地中创建个性化的花园空间，可以根据居民的兴趣选择不同的植物进行种植。这种配置模式鼓励居民参与到花园的设计和养护中，提供了个人及群体创作和欣赏植物的机会（图 3-5-5）。

图 3-5-5　宅间个性化花园绿地

③ 蔬菜和草本植物花园　为居住区内的居民提供种植蔬菜和草本植物的区域。居民可以栽种自己喜欢的蔬菜和草本植物，享受种植过程。

（7）单元入户景观

居住区单元入户植物配置通常是根据居住区的规划和设计，将植物作为室内和室外的装饰元素，为每个入户单元营造宜人的环境和绿色氛围。这些植物配置可以根据不同的需求和空间条件进行选择和设计。以下是常见的居住区单元入户植物配置：

① 花园式入口绿化　通过在入户单元的门前或门廊处安排小型花园，如花坛、花盆等，营造出温馨友好的氛围。强调绿化层次与搭配：低矮灌木为基调修剪整形，一到两棵小乔木提升空间感（图 3-5-6）。

图 3-5-6　花园式入口绿化

② 识别式入口绿化　入口处以植物结合小构筑物营造绿化景观，植物搭配凸显特色（图 3-5-7）。或运用标志性的特色树种、地被草花植物，如门前的大棵桂花树、中华木绣球等，使单元入口更加易于识别，强调住宅的识别性与归属感。

图 3-5-7　识别式入口绿化

除了上述模式外，还要根据当地的气候条件、空间限制和居民偏好来设计植物配置方案。在进行植物配置时，需注意选择适应当地气候和环境的植物品种，并合理安排植物的生长空间和养护需求。

（8）宠物乐园

居住区宠物乐园的植物配置，应考虑以下几个方面：

① 安全性　在居住区宠物乐园的植物配置中，首要考虑因素是安全性。选择无毒、非刺激和对宠物无害的植物品种，以避免宠物吃到有毒植物或接触到可能导致过敏或刺激的植物。

② 空间利用　在有限的空间内，植物配置应充分利用空间并满足宠物的需要。选择一些高大的乔木或灌木，为宠物提供阴凉和遮蔽区域。此外，可以安排开放的草坪区域，供宠物奔跑活动。

③ 耐磨性　考虑到宠物乐园是一个被宠物频繁使用的区域，植物配置应选择耐磨、抗踩踏的品种。可以选择耐受踩踏的草坪植物，以及具有坚韧性和弹性的地被植物。

④ 防止挖掘　宠物有时候会挖掘土壤，为了避免损坏植物的根部，可以在关键位置添加防挖掘措施，例如树木周围加固土地以防止宠物挖掘。

⑤ 抗蚊虫　在宠物乐园中配置抗蚊虫的植物可以保护宠物免受蚊虫叮咬。例如，薰衣草、香蒲和尤加利等植物可以发出芳香气味，对蚊虫具有驱避作用。

3.6　景观小品设施

3.6.1　雕塑小品

居住区中的雕塑小品是通过雕刻、塑造加工而完成的造型实体，主要表现视觉艺术效果以凸显环境氛围，有时也附带一定简单功能。雕塑的材质是多种多样的，包括黏土、金属、石材、木材、陶瓷、植物等。雕塑的表现形式更是千姿百态，有具象、抽象，有浮雕、透雕，有单体雕塑，也有组合雕塑，手法多样，造型生动（图 3-6-1）。

图 3-6-1　居住区各式雕塑

各类雕塑在居住环境中应用广泛。例如，很多小区把雕塑设置在入口广场的中心，以雕塑的寓意体现小区风格与主题；而浮雕、透雕，则往往配合墙体（如围墙、景墙）设置，可丰富墙体造型并渲染氛围；又或者将雕塑结合小区水池、花坛设计，或点缀在绿地、草坪之中等。

设计时应注意：居住环境中的雕塑体量应适中，让人产生亲切感；稍大的雕塑应放置在较宽阔的景观空间中，予以足够的观赏距离。雕塑景观的创造需要景观设计师与雕塑家密切合作，共同完成。

3.6.2　构筑物

（1）亭

亭是居住区中供居民休息、遮阳、避雨、观景的建筑，其特点是四周开敞，常常与山、水、绿化结合起来组景。亭的空间尺度应适宜，高度宜在 2.4～3.0m，宽度宜在 2.4～3.0m，立柱间距宜在 3m 左右。其形式、尺寸、色彩、题材等应与居住区整体景观相适应。中式或新中式亭的建造材质以木、竹为主，现代风格以及其他风格的亭以砖石、混凝土或钢架等材料建造。

亭的建造位置一方面应选择在景致优美的位置，使入内歇脚的人有景可赏；另一方面应考虑建亭后成景，起到画龙点睛的作用。明代造园家计成在《园冶》中说："亭胡拘水际，通泉竹里，按景山颠，或翠筠茂密之阿，苍松蟠郁之麓。"可见在山顶、水涯、湖心、松荫、竹丛、花间都可筑亭，构成景观空间中美好的艺术效果。居住区中，亭一般结合地形，在坡地高处、水岸或水上，以及各类休闲场地上建造，结合植物掩映搭配以及雕塑构筑等，营造休憩观景场所（图 3-6-2）。

图 3-6-2　居住区各式亭子

（2）廊

廊是线形建筑元素，具有引导人流视线、连接划分空间、提供休息场所以及形式造景等多个功能。居住区中，廊可与亭、景墙等相结合，形成丰富变化，增加其观赏价值与文化内涵。

廊多有顶盖，根据平面形式可划分为直廊、曲廊、回廊等，根据分隔情况可划分为空廊、单廊、复廊等，根据层数可划分为单层廊、双层廊和多层廊。廊的材质一般来说以木、竹、石等自然材料为主，也包括钢筋混凝土、金属、玻璃等人工材料。廊的宽度和高度设定应按人体尺度控制比例关系，避免过宽、过高从而与居住建筑体量不协调，一般高度宜在 2.2～2.5m 之间，宽度宜在 1.8～2.5m 之间。

居住区中，在居住区绿地、儿童游乐场地中用无顶盖的廊架代替廊，可供人们休息、遮阳、纳凉，同时起到联系空间的作用；用格子垣攀缘藤本植物，可形成立体绿化，增加居住区绿化量；在广场设置廊或廊架，能够成为室外客厅，为住户提供乘凉聊天、社交休闲的场地（图 3-6-3）。

图 3-6-3　居住区廊架

(3) 景墙

景墙是小区内用于分隔、引导空间的构筑物，同时应具有较强的观赏性。其外观材质主要包括各种天然石材、面砖、铁艺、玻璃、金属等，设计时应注意满足结构安全要求，尺寸与造型应与空间环境相契合，并可与其他建筑物、构筑物进行组合设计。小区内，低矮的景墙可用于空间的分隔与引导；较高的景墙可开挖洞口，用于人员通行以及框景、漏景。其选址较为灵活，在居住区的入口、中心和边缘等位置都可以设置（图 3-6-4）。

图 3-6-4　各式景墙

① 入口处设置　入口处的景墙可起到划分居住区内外空间环境的作用，并可结合入口大门成为标志性景观。景墙在入口处设置时，注意其形态、材料、色彩应与居住区本身的建筑特色和周边环境相协调。

② 广场中设置　广场中的景墙可起到点景和引导人流的作用。景墙可以分段或者连续设置，也可以成组设置。设计中应充分利用景墙的材料和色彩的丰富性，将其作为活跃空间的重要元素；同时结合周边的植物、山石、水体、雕塑等景观小品和自然界的光、声等元素，形成富有个性和活力的景观空间，营造出观赏性和趣味性兼具的景观效果。

③ 道路边设置　道路边设置景墙，可以打破道路过于笔直带来的生硬呆板的感觉。高低错落或成组设置的景墙，可以增加空间的层次感及其观赏性。可以结合景墙设置休息座椅，满足人们行走疲劳时的休憩需要。

(4) 围墙

围墙是小区的边界，起到了分隔小区内外空间的作用。城市道路边的围墙既是小区的标志，同时也美化了城市景观。围墙有很多种，比较常见的有混凝土围墙、预制混凝土砌块围墙、砖墙、花砖铺面墙、石面墙、石砌墙等。小区景观设计中可以根据具体情况灵活运用，一般应用较多的是砖墙与铁艺金属结合的围墙，在划分空间的基础上又能够保留视线和空间的通透性。

小区围墙高度在原则上不低于2.2m，不高于3m，其高度应符合当地具体规定和要求。围墙立柱宽度一般不大于600mm，立柱间距一般不小于4.5m，具体尺寸应根据整体比例确定（图3-6-5）。

图3-6-5 各式围墙

3.6.3 休息设施

居住区室外环境是小区居民的“露天客厅”，休息设施则可看作客厅中的沙发，主要包含露天的椅、凳、桌等，是小区中的服务性设施（图3-6-6）。

图3-6-6 桌椅休息设施

休息设施的布置应分散在小区环境中，可与花坛、草地、树池、水池、亭、廊、景墙、台阶等相结合，有利于居民在休息中观赏环境；同时应讲究布置的组合形式，形成有利于观看、攀谈、独坐静思等各种需求的氛围。其造型设计应遵从人体工学的原则，满足舒适性要求，并应与其他设施共同形成统一的风格形象。其材质可以是石材、混凝土、金属、木材、PVC、玻璃钢等各种材料，也可以结合使用，尽量满足舒适、美观、耐用的综合要求。居住区座椅的种类很多，有单人坐凳、2～3人用普通长凳、多人用坐凳、凭靠式座椅等。从设置方式上划分，除普通平置式、嵌砌式外，还有固定在花坛绿地挡土墙上的座椅、绿地挡土墙兼用座椅，以及设置在树木周围兼做树木保护设施的围树椅等形式。

座椅的设计要点如下：

① 座椅　主要布置在居住区的“边界”环境中，如人行道路两侧、功能活动区周边等；其服务半径可按不大于200m进行控制；选址时应注意周边环境及可达性等是否良好；宜设置于半围合的空间且背风向布置。

② 普通座椅的尺寸　座面高38～40cm，座面宽40～45cm；标准长度为，单人椅60cm左右，双人椅120cm左右，三人椅180cm左右。靠背座椅的靠背倾角为100°～110°。

③ 结构设计要坚固　座板应设两块以上，板厚3cm以上，座板间的缝隙在2cm以下。

3.6.4 照明灯具

居住区照明具有增强物体辨别性、提高夜间出行安全度、保证居民晚间活动正常开展，以及营造环境氛围、展现装饰效果等功用，按照照明方式可分为车行照明、人行照明、场地照明、装饰照明、安全照明与特写照明，其各自的适用场所及照明设计要求可参考表 3-6-1 中所述。

表 3-6-1 照明分类与设计要求

照明分类	适用场所	参考照度/lx	安装高度/m	注意事项
车行照明	居住区主次道路	10～20	4.0～6.0	①灯具应选用带偏光罩下照明式。②避免强光直射到住户屋内。③光线投射在路面上要均衡
	自行车、汽车停车场	10～30	2.5～4.0	
人行照明	步行台阶(小径)	10～20	0.6～1.2	①避免眩光，采用较低处照明。②光线宜柔和
	园路、草坪	10～50	0.3～1.2	
场地照明	运动场	100～200	4.0～6.0	①多采用向下照明方式。②灯具选择应有艺术性
	休闲广场	50～100	2.5～4.0	
	大型广场	150～300		
装饰照明	水下照明	150～400		①水下照明应防水、防漏电，参与性较强的水池和泳池使用 12V 安全电压。②应禁用或少用霓虹灯和广告灯箱
	树木绿化	150～300		
	花坛、围墙	30～50		
	标志牌、门灯	200～300		
安全照明	交通出入口(单元门)	50～70		①灯具应设在醒目位置。②为了方便疏散，应急灯设在侧壁为好
	疏散口	50～70		
特写照明	浮雕	100～200		①采用侧光、投光和泛光等多种形式。②灯光色彩不宜太多。泛光不宜直接射入室内
	其他雕塑	150～500		
	建筑立面	150～200		

各种照明方式的实现依托于各类灯具设施，在居住环境中，根据安装位置与用途可分为高杆路灯、门灯、庭院灯、草坪灯、地灯以及各种装饰照明灯具（如喷泉灯、花坛灯、泛光灯、轮廓灯等）。各类灯具应结合景观总体特征进行设计与选配；同时，灯具也是加强识别性的重要因素，应注意区别不同区域的灯具造型，在统一的格调中使其各具特色，从而更好地衬托、装点环境和渲染气氛。

3.6.5 服务设施

（1）垃圾桶（图 3-6-7）

垃圾桶是必不可少的卫生设施，与居民的生活息息相关。垃圾桶的形式主要有固定型、依托型和移动型，在功能和形式上要考虑到与周边环境的相互协调，造型独特美观。设计中应注重功能性，保证满足容量适度、方便投放、易于回收与清理等要求。垃圾桶虽然体积不大，但功能性强，容易受到污染，其安放位置可通过绿化、花坛等适当隐蔽，但不能影响居民的正常使用。此外，垃圾桶的数量应与居住密度、人流量相对应，安放距离不宜超过50～70m，一般为 30～50m。

（2）洗手器（图 3-6-8）

居住区洗手器是指设置在社区公共场所的洗手设备。这些设备通常是为了方便社区居民

图 3-6-7　垃圾桶

图 3-6-8　洗手器

在户外活动或在公共区域洗手而设置的，对于公共场所的卫生和居民健康非常重要。洗手器的高度宜在 800mm 左右，供儿童使用的洗手器高度宜在 650mm 左右，并应安装在高度 100～200mm 的踏台上。

（3）信息指示牌（图 3-6-9）

图 3-6-9　信息指示牌

信息指示牌是居住区环境中传播信息的主要媒介，同时也是设施景观的构成要素。它为居民和来访人员提供了便利，并可增加居住区的可识别性。居住区信息标志可分为四大类：名称标志、环境标志、指示标志、警示标志。

信息指示牌的位置应该醒目，且不能对交通和周围的环境造成影响。指示牌的风格要统一，应与居住区的主题、小区建筑风格相契合。在色彩、造型设计上应充分考虑其所在的周边环境、服务人群以及自身功能的需要。指示牌宜选用经久耐用、不易破坏、维修方便、绿色环保的材质。信息指示牌的内容要清晰明了，应尽可能同时使用中、英文，书写要规范、工整，数字应使用阿拉伯数字。信息指示牌字体的颜色与背景色的对比要明显，以便更好地起到指示、警示的作用。

每个居住区都有自己的文化内涵和设计主题，这样的内涵和主题应该延伸到小区的信息标志上。结合当地的文化、自然背景和居住区的建筑形式特点，设计并制作出美观性和功能性兼备的信息标志，使居住区的每个细部都渗透出独特的视觉美感和文化内涵，提升居住区环境的品位。

3.6.6 工程设施

(1) 台阶

台阶在景观设计中起着不同高程之间的连接和引导作用，通过台阶可以分隔限定不同的景观空间，极大地丰富了空间的层次感（图 3-6-10）。

图 3-6-10 台阶

居住区环境中台阶的设计要点：

① 台阶不可少于 2 步，以免台阶不易被行人发觉而造成安全隐患。

② 踢板高度（h）与踏板宽度（b）的关系如下：$2h+b=60\sim65$(cm)。例如，踏板宽度定为 30cm，则踢板高为 15cm 左右；若踏板宽度增至 40cm，则踢板高降至 12cm 左右。通常，踢板高在 13cm 左右、踏板宽在 35cm 左右的台阶，攀登起来较为容易、舒适。

③ 若踢板高度不足 10cm，行人上下台阶时易绊倒，比较危险。因此应当提高台阶上、下两端路面的排水坡度，调整地势，或者取消台阶，或者将踢板高度设在 10cm 以上，也可以考虑做成坡道。

④ 如果台阶长度超过 3m，或是需要改变攀登方向，为了安全起见，应在中间设置一个休息平台。通常平台的净深度为 1.5m 左右。

⑤ 踏板应设置1%左右的排水坡度。

⑥ 踏面应做防滑饰面，天然石台阶不要做细磨饰面。

⑦ 落差大的台阶，为避免降雨时雨水自台阶瀑布般跌落，应在台阶两端设置排水沟。

⑧ 为方便上、下台阶，在台阶两侧或中间设置扶栏。扶栏的标准高度为90cm，一般在距台阶的起、终点约30cm处要连续设置。

⑨ 台阶附近的照明应保证一定照度。

(2) 坡道

在地面坡度较大时，本应设置踏步，但踏步不能通行车辆，又考虑到儿童、老年人和残疾人使用童车、轮椅，在可能的情况下，应尽力为他们的通行提供条件，这些地方均应设计成坡道。可将台阶的一侧做成坡道，使童车、轮椅等得以通行。

当坡面较陡时，为了防滑，可将坡面做成浅阶的坡道。对于轮椅来说，其要求坡道的最小通行净宽为1.2m，坡道尽头应有1.5m的水平长度，以便回车。轮椅要求坡面的纵向坡度不大于1∶12。

(3) 道牙

道牙是为确保行人及路面安全、进行交通引导、保持水土、保护植株，以及区分路面铺装等，而设置在车道与人行道分界处、路面与绿地分界处、不同铺装路面分界处等位置的构筑物。道牙的种类很多，如道路边缘类的预制混凝土道牙、砖道牙、石头道牙等。在形式上，有平道牙与立道牙两类。常见道牙做法如图3-6-11所示。

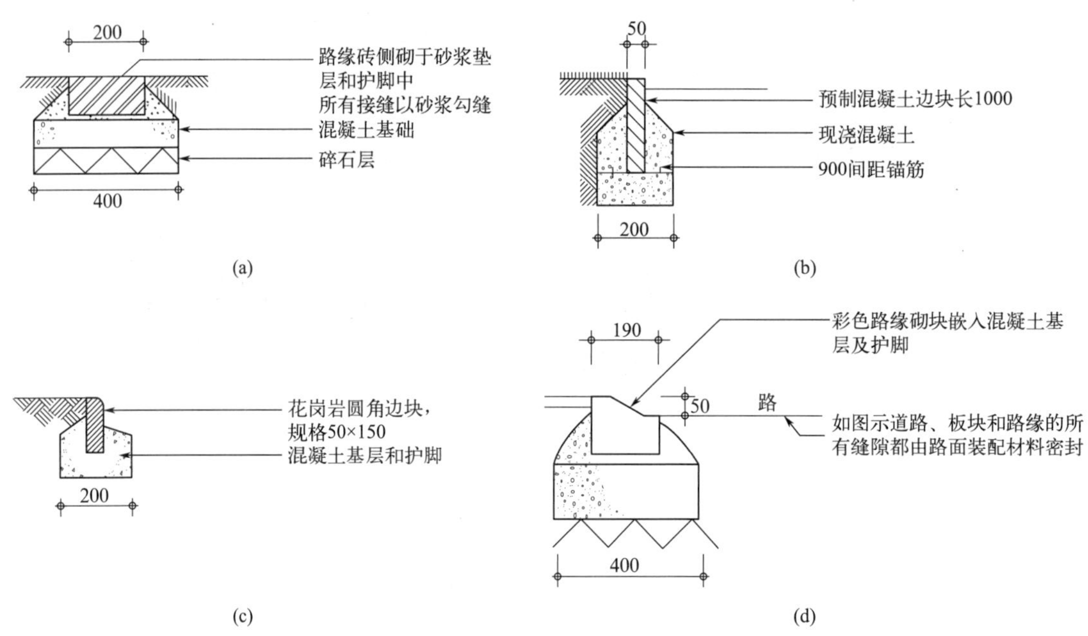

图3-6-11 常见道牙做法（单位：mm）

(4) 边沟

边沟是为汇集和排除路面、路肩及边坡的降水，在道路两侧设置的纵向水沟。其形式多样，有明沟以及暗沟之分，居住区中根据地形、雨水排放等情况进行选择设置。设计中要注意将露在地面的明沟与景观融合，如：在作为盖板的雨水箅子上散设卵石；或者选择与道路铺装相协调的各种造型和材质的箅子盖板；以及设置线性排水沟和生态草沟等，提升道路景观与居住区的环境细节效果（图3-6-12）。

图 3-6-12　边沟的景观细节

(5) 挡土墙

在居住区环境中，如果地形高差变化较大，例如相邻两块地高差超过 1.5m，为了防止雨水冲刷、水土流失以及边坡塌方，需要用护坡或挡土墙来进行防护。挡土墙形式多样，其与景观结合能够增加装饰效果、分隔空间，进而增加景观层次（图 3-6-13）。

图 3-6-13　利用挡土墙创造趣味空间

居住区内挡土墙一般有砖墙、石墙、钢筋混凝土墙体（外用锈钢板、石材等材料饰面），以及石笼和预制生态构件等形式。其设计和施工在工程防护方面需要根据具体情况（包括场地坡度、土壤类型、降雨情况等）进行评估，并遵守相关的建筑规范和环保要求。从景观角度则根据环境氛围以及地形状况与景观需求，将挡土墙与植物、台阶、休憩设施等结合起来，并注重材质、形式、色彩与周边环境的协调，利用挡土墙创造更多具有丰富变化的趣味和韵律空间（图 3-6-14、图 3-6-15）。另外，在地形高差变化较大的场地适宜采用台地形式，分段式利用挡土墙处理景观效果。

图 3-6-14　台地式挡土墙

图 3-6-15　石笼与混凝土挡土墙与景观的结合

第4章 居住区景观设计程序及方法

导言：居住区景观方案设计能力是学习者需要掌握的核心能力。前面章节主要论述了居住区景观的基础知识和设计要点，而本章通过场地分析、方案设计、细部设计（扩初设计）和施工图设计四个部分内容，梳理了整个居住区景观设计从设计之初的场地分析到设计完成出图的整个流程及方法，培养独立进行居住区景观方案设计的能力。

4.1 场地分析

4.1.1 设计任务书

“设计任务书”（或“设计招标书”）是在进行方案设计的准备阶段，由甲方提供给设计师或委托设计单位的书面清单，一般在调查之前就交予设计方。因此，在进行资料收集、基地分析时就要不断地结合任务条目，做设计任务相关的调查，要特别重视对设计任务书的阅读和理解，充分理解并“吃透”设计任务书最基本的“精髓”。

（1）设计任务书解读

设计任务书是进行设计的主要依据，它一般包括项目简介、项目定位、设计原则、规划技术经济控制指标、园林景观设计要求、设计成果及周期等方面内容，介绍设计场地基地位置、范围、规模、项目名称、建设条件、建筑面积、定位风格，或面向的消费群体、投资单位、投资情况、设计与建设进度等事宜。因此，要重视对设计任务书的阅读和理解，并熟悉当地的历史文脉、社会习俗、地理环境特点、技术条件和经济水平，了解项目的投资状况，以便正确开展设计工作。

设计任务书多以文字形式表达。在解读了设计任务书之后，需要明确接下来要深入做哪些方面的调查、分析和设计制图工作。

（2）设计任务书的再编制

在了解了甲方的设计意图和基地大概情况之后，设计师还需要根据自身的进度，编制乙方的调查、分析、设计任务书。任务书上应标明每个步骤（场地分析、方案设计、扩初设计、施工图设计、设计交底及后期服务）的进度，和跟进负责人或小组成员，将任务落实到位。

4.1.2 现场调研与资料收集

4.1.2.1 现场调研

熟悉设计任务后，下一步需要进行现状资料收集和分析。现场的环境条件、规划及建筑图纸中的表达有可能并不完整，比如未说明项目周边地块是否有良好的视野及绿化环境、地块中是否有可以利用的水源及岩石等景观资源。这就要求设计师通过文字记录、拍照和绘制手绘图的方式，对现场进行认真而充分的踏勘与调研，直观感受现场气候、温度、光照、土壤、植被、基地其他环境等。常见的现场调研需了解的信息如下：

（1）基地的人文条件

① 基地建筑特色，如建筑风格是哪种、这种风格有哪些特色和文化。

② 基地地域特色、历史文化特色和当地风俗习惯，如该基地有什么文化古迹与历史传说。

③ 了解基地附近居民或目标客户群的经济承受能力，以便对工程造价进行控制。

④ 基地位置与周围环境的关系：

a. 该基地所处省市、街道，以及道路状况和级别。

b. 通过基地所在区域的二维和三维地图，分析周围用地性质（如工厂、农田、居住区、商业区等）、相邻道路、主要交通方式等情况。

（2）基地的自然条件

① 地形土壤条件：

a. 了解该地区的地质历史，绘制地质基本情况图（说明如岩石、断层或火山、海水等地质情况），从而评价开发此基地是否适宜。

b. 基地地形图，包括高点和低点的标高、建筑室内外标高和排水情况。进行地形坡度分析，了解基地地形特色，在现有地形的前提下，结合地形确定后期建筑、道路等设施的分布。

c. 对该地区的土壤类型、黏度、结构、含水量、透水性、承载力、冻土层厚度及受侵蚀情况进行了解。如果工程规模较大，需要专业人员提供土壤的综合情况；如果项目较小，只需了解土壤酸碱性、土壤类型等一般情况，如福建地区土壤多为红壤，多呈酸性。

② 水文条件：经过该基地或该基地附近的水系信息，一般包括河流、池塘的水岸线、水深（平均水位、常水位、最低和最高水位）等。

③ 植被条件：

a. 基地现有植物位置、种类、高度、大小、长势、季相变化等情况。

b. 了解有无古树名木、基地内是否有当地独特的乡土植物群落、基地附近有无可供植物造景的植物，从而考虑保留或去除。

④ 气候条件：

a. 日照条件。根据太阳的高度角和方位角分析日照状况，推测阴坡和无日照区，以确定在居住区布置设施时的相关位置。

b. 风的条件。该基地全年的季风情况、风速、风频率等，一般利用风玫瑰图来表示。

c. 温度条件。该地区一年中最高和最低温度、冬季最大的土壤冻土层深度、降雨量等。

（3）基地的设施资料

① 建筑物和构筑物　现有建筑物和构筑物的风格、数量、高度、朝向、平面、立面、种类和使用情况。

② 道路和广场　现有道路的宽度、分级、材料、标高、排水形式，现有广场位置、大小、形式、铺砖、标高等情况。

③ 管线　地上和地下部分的管线排布情况，如电线、电缆线、通信线、给水管线、排水管道、煤气管、污水管道等。要了解它们的位置、走向、长度、管径及埋深等技术参数，以便日后将居住区的用电等接入市政管道。

4.1.2.2　资料收集与分析

在完成调研的基础上，还要对收集的资料进行分析，客观评价基地的优缺点，扬长避短，发挥地块的最大潜能。除现场调研收集的信息之外，需要整理的资料还包括：

① 设计任务书。

② 甲方提供的地形图（现状规划图）。如无法提供，则需测绘。地形图中要标明：用地红线（体现各类建筑工程项目用地的使用权属范围的边界线）、地形（用虚线表示的等高线或标高）、现状或规划建筑、植物、水体、道路等。

③ 建筑单体详图：建筑各层平面、立面、剖面图等。

④ 室外地库单体详图：地库平面、立面、剖面图，各地面出入口详图等。

⑤ 其他与园林景观设计相关的图纸。

在获取了必要的资料后，要认真研究设计任务书，充分领会甲方意图，详细了解甲方的期望与需要。与甲方、建筑设计院及其他相关专业单位进行整体规划审阅，确认设计范围和设计标准，针对景观设计进行详细讨论。

此外，还需要进一步进行综合分析，目的是将纷繁复杂的设计限制条件进行分类，其分类原则是“轻重缓急”。所谓“轻重”是指：区分哪些设计制约因素是影响设计的主要矛盾，哪些是可以忽略的次要矛盾。所谓“缓急”是指：区分哪些矛盾是在设计开始的时候就需要引起重视的，而哪些矛盾又是可以在后期逐步完善而在前期方案中可以不过分关注的。分析时可结合图纸或表格将地块的问题或数据进行比较和权衡，以便做出更加合理的设计。

4.1.3 场地适宜性分析

一个完整的景观设计过程主要可以概括为两个阶段，即认识问题、分析问题的阶段与解决问题的阶段。从某种意义上说，前者决定后者。对场地适宜性的研究就是设计的前期阶段，是对问题进行认识和分析的过程。

设计是有目的而为之，有了需求才有设计，有了需求才有设计的目的。所谓设计就是人们的主观需求与所能提供的客观条件的耦合，因此，在设计之初就要弄清楚客户与受众人群到底需要什么，设计目标又是什么，同时还要对场地的限制因子进行深入研究。对场地适宜性的研究主要分为两个部分：首先要了解场地条件，然后对这些条件进行分析。

4.1.3.1 了解场地条件

（1）基地现场条件

实际上，居住区景观设计的现场条件并不仅代表基地现状本身，更多考虑的是小区的总体规划与设计，包括规划总图、建筑单体、地库及其他设施设计等。景观设计的内容和指标都要在小区总体规划规定的范围内来确定。

总体规划决定和制约了居住区景观的布局与形态，确定了产品形式，如别墅、多层、小高层、高层或是复合地产等。每一种形式所带来的景观设计条件是不一样的。

总体规划对项目风格也有界定。根据项目的不同受众，开发商和策划方会通过种种途径，比如通过以往的经验、问卷调查、对成功案例的分析等，赋予项目一种适合特定消费人群年龄及心理特征的项目风格，包括建筑风格、景观风格以及项目的整体视觉形象等。设计者必须在定位风格的基础上予以整合和升华，而不是生搬硬套。要注意的是，景观设计在风格上应沿袭建筑的特色，保持建筑立面上的某些元素，使景观与建筑融为一个整体，而不能与建筑格格不入。

另外，还需要对甲方所提供的建筑规划总图、建筑一层平面图、地库平面图等资料进行整理及汇总，理清现场限制条件。具体可以考虑以下内容：

① 建筑单体底层出入口的位置以及与室外标高的衔接情况。

② 室外地库、地下管线及其他地下构筑物在总平面中的位置。

③ 地下设施的位置、埋深及覆土情况，地库各出入口分布位置。

④ 标明树木、建筑小品的安排是否与地下构筑物发生冲突。

⑤ 标出用地红线、园林景观设计范围线、建筑控制线等。

⑥ 各建筑一层平面图清楚地标明小区内的各功能分区，比如有无沿街商铺、架空层等。

⑦ 标明室外场地的规划竖向标高。

⑧ 标明车行道、消防车道及消防登高场地的位置。

⑨ 标明小区中室外配电箱、垃圾处理站等设施的位置。

⑩ 其他与景观设计相关的标注，如保留现状树木的位置等。

（2）甲方要求

对于甲方的要求，在设计中需要首先予以尊重。除了设计任务书中的要求外，还要认真倾听甲方口头表述的设计想法。设计师最好能找到机会与甲方设计决策者直接交流，了解其意图甚至其个人喜好，这样在设计中能少走很多弯路。

（3）受众人群需求

策划方会根据项目地段、地形等综合因素为项目锁定特定的消费人群。比如，地段偏远，适合建造别墅产品，消费人群是那些有经济实力的人群；而地处繁华地带，则适合建造小高层或高层小户型的产品，消费人群则是那些在创业初期，要求工作和住家距离较短的年轻人等。而这些特定的受众由于工作经历、社会背景的差异，对居住区环境景观的要求和品位也会有所不同，这些都是设计者需要关注的。

居住区景观设计不仅是设计场所、空间及其内容，而且要使住户乐于其所、情融其中，让住户在与景观的情感交流中获得精神的愉悦和心理满足，因此需要认真洞察居住区的主人，了解他们的人数、职业构成、年龄结构、文化层次、共同习惯、经济基础、家庭结构和价值观念等。要考虑居住区所在地区的地域性，不同地区的人们具有不同的生活习惯和文化语境，应针对不同地域特征进行构思与景点设置，从而设计出特色鲜明的居住区景观。

（4）相关政策法规

① 城市规划对居住区景观设计的要求：政府在对城市规划的宏观调控中，会对居住区环境做出要求。居住区作为城市的一个重要部分，理应对城市环境做出应有的贡献，它的建成应给城市以美感，和谐地融入城市环境中。政府规划部门会对居住区景观的绿地率、停车位、消防等方面做出要求，而设计者必须在满足这些要求的基础上优化居住区的环境。

② 针对居住区景观设计本身的规范：包括国家及地方有关的设计规范。《居住区环境景观设计导则》对居住区景观设计的原则、景观环境的营造以及相关指标都有明确规定，而地方性的设计规范则对小区景观的绿地率、绿化覆盖率等都有相关要求。

（5）基地所在区域条件

① 自然条件　需考虑该项目用地的地形，即项目用地上有无高差，有无保留山体、保留名贵或古老树木，有无自然水体等。这都是居民区环境的自然资源，当然也会由此而产生一些问题，需要在设计中予以解决，比如靠山的挡土墙设计、靠水的护栏设计等。另一方面，项目所在地的气候、当地的植被视情况也是要考虑的因素。

② 周边条件　指该项目用地周围的环境资源，如公园绿地、体育设施等。对于居住区，周边的资源可以在环境中有机整合，以提升小区环境的品质。

4.1.3.2　分析场地条件

（1）人的需求分析

居住区景观的设计目标是要创造出人性化、舒适宜人的环境，这就要求首先要对其中的活动主体进行研究。在上述场地条件的基础上，从居住区人群心理需求、居住区人群活动需求和特殊人群心理行为需求三个方面展开，对心理和生理两个维度进行分析，有效提升居民的环境体验。

① 居住区人群心理需求　关于人的需求的研究有很多，其中最有影响力的是美国著名的人本主义心理学家马斯洛提出的需求层次递进理论，这些需求反映到居住环境中，体现为居民对居住环境的行为心理需求。良好的居住区环境应该是各级空间实体与居民需求互相吻合的产物，在设计中要着重考虑并满足领域性需求、参与性需求和归属性需求，以创造满足居民多样化需求的宜居环境。

② 居民区人群活动需求　扬·盖尔（Jan Gehl）所著《交往与空间》中将公共空间中的户外活动划分为三种类型：必要性活动、自发性活动和社会性活动。设计师应根据各类型特点，为不同需求的人群提供相应的服务，创造多元化、多层次、多功能、可参与的居住区氛围。

居住区的户外活动中，人群的行为模式主要分为四种：以步行为主的行为模式、以逗留为主的行为模式、以休憩为主的行为模式和以娱乐为主的行为模式。

a. 与步行相关的实质环境包括步行路径、交通环境和环境尺度。在设计中需考虑：步行空间便捷性；人们对竖向高差变化的心理承受能力；路径铺装变化的科学性；居住区的停车配套和机动车流线与人行流线的合理布局；空间环境的尺度适宜性等。

b. 与逗留行为相联系的实质环境包括停留空间和停靠依赖。在设计中要着重注意的有：对边界空间、空间与空间的中间过渡区域的合理设计；凹处、转角、入口的周围和附近区域的合理设计等。逗留行为看似简单，但由此衍生的其他行为，却是小区社交活动的开始。

c. 与休憩行为相联系的实质环境包括个人空间、视野选择、铺装暗示。设计中需考虑：个人空间的界定对居住区使用者的重要性；休憩区的朝向和视野；铺装变化与空间划分的关系等。

d. 与娱乐活动相关联的实质环境有植物配置、场地空间和场地设施。设计中要考虑：植物景观的塑造对居民心理和行为的影响；娱乐休闲空间的可达性；设施的利用率等。

③ 特殊人群心理行为需求　从更广泛的层面上保证各类人群拥有同样的权利，这是人性化设计必须遵循的基本要求。居住区景观设计要关注儿童、老人等特殊人群，需分别对于老人的安全无障碍、舒适、活动多样性等需求，以及儿童的安全性、适龄性、兼顾性、活动多样性、生态性等需求进行着重考虑。

（2）基地分析

对问题有了全面透彻的理解后，基地的功能和设计的内容也自然明了，认识问题和分析问题的过程就更加重要。基地分析是在资料收集齐全的前提下，对基地进行分析，进而归纳出基地的利弊。一般包括以下几个方面：

① 单因子分析　单因子，指的是基地上收集的各个方面的资料，如地形、气候、土壤等，并对基地所处环境的各个因子的属性进行深入了解。可以绘制的分析图如：地形分析图、土壤分析图、气候分析图、水文分析图、人工设施分析图（现有建筑、道路、广场、管线）等。

② 多因子分析　在单因子的基础上，将多个因子进行叠加（如可将地形、水文等进行叠加），就如同将一层层透明的图层相互叠加，从而产生对场地的综合评价和分析，并得出结论。

③ 适宜性分析　对各个因子进行叠加之后，形成综合条件图，有些分析结果不能由叠加因子直观地得到，需要将之前收集的自然、文化、社会、历史等方面的资料进行综合考虑

和分析。此外，随着GIS(地理信息系统）的深入发展，利用GIS对基地进行分析也成为一个比较好的方法。案例如表4-1-1所示。

表4-1-1　适宜性分析案例

项目	现状及应对方案
场地优势	空间完整，临水→保持优势，营造亲水环境
场地劣势	北侧不利→适当阻隔
	边界生硬→隔离拓展边界
交通分析	道路穿越、分割场地→梳理交通，整合地块
竖向分析	场地高差较大→弱化高差，营造地势
气候分析	西晒严重→在该区域布置大树遮挡

除此之外，基地分析中还需要综合基地的所有相关材料以寻找设计出发点，寻找基地与文化、项目定位之间的联系，进而挖掘文化内容主题，做出更好的景观设计方案。

4.2　方案设计

4.2.1　方案设计方法

4.2.1.1　立意构思

所有设计都应讲究文化内涵。园林景观设计与受功能限制更多的建筑设计相比，其创作更为自由，在体现文化内涵方面更为灵活。设计之前，应将地块看作艺术品，意象在先，这样才能将平面布局和主要的景点、节点有机地组织在一个统一的立意之下，做到形散而神不散。尤其对于面向大众市场的城市居住小区的环境景观，更需要这样的立意。好的立意会让整个小区充满文化气息，铸就特色景观，能够增强小区业主的凝聚力、自豪感。

(1) 构思的过程

构思的过程主要包括两个环节，即“放”与“收”的环节。

“放”的环节是构思的开端，是设计师对设计对象进行了充分调研与分析后，开始酝酿、构思、设想的过程。这个环节是开放的、发散的、感性的、思维活跃的环节，可以放开去想，甚至是天马行空、不受限制。因此，往往各种新颖的、奇思妙想的点子都是在这个环节产生的。

当构思得差不多的时候，就开始进入“收”的环节。“收”是构思收尾的环节，是把“放”的环节中所产生的各种点子进行筛选与梳理的过程。可行的、有用的点子进一步发展，不可行的、无用的点子果断去除。这个环节也是思维收拢的、严谨的、理性的环节。

一放一收的构思过程既保证了方案的创造性，又保证了方案在实施过程中的可操作性，是方案构思的常用方法。

(2) 构思的方法

一般来说，小区景观立意构思的方法众多，以下为常见的构思方法。

① 根据小区楼盘总体规划与策划来进行立意构思。

这是最常见的立意构思做法。事实上，很多小区在设计之前，往往总体规划与策划先行。小区总体规划与策划作为景观设计的上位规划，已经框定了大体的方向、定位、风格与主题，景观设计就是在这些框定内容下所进行的一些具体的形象深化与表现。

② 根据小区所在地区的文化背景进行立意构思。

不同地区的人们具有不同的生活习惯和文化语境，居住区景观设计可以针对不同的地域特征进行构思与景观节点设置，从而设计出特色鲜明的绿地景观。

③ 对小区的人文要素、自然要素等进行提炼，从而形成立意构思。

以意立景，以景生情，激发住户的“审美快感”，并在景观这一“感应场”里“触景生情”“情景交融”。但居住区景观设计不同于一般城市公众性的景观设计，它服务的对象基本上是居住区的居民，与居民的日常生活息息相关。因此居住区景观设计要做到以人为本，其立意与主题要紧扣居住区的主人。立意要表现出对居民的尊重，重视他们真实的需求，尽量满足他们身体的、思想的和精神的需要，引起居民的情感共鸣。

4.2.1.2 景观结构

在确定立意构思与原则理念的基础上，接下来需要确定整体的景观结构，也就是基础骨架，遵从由整体到局部的设计方法，从整体入手把控各个分区以及主要景观元素之间的关系。景观的整体结构从功能布局和流线组织两方面展开。

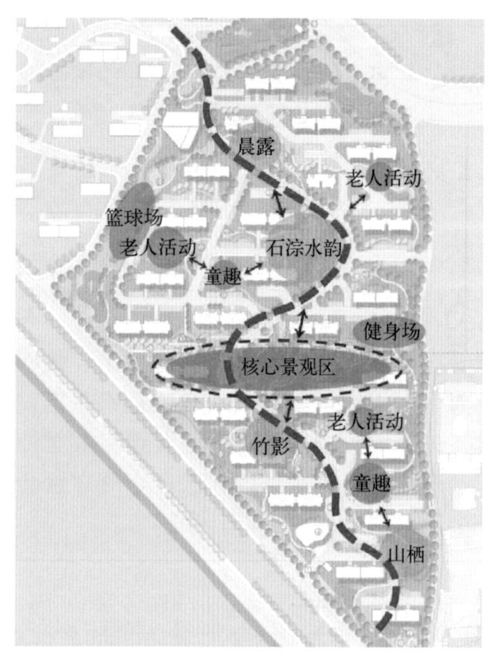

图 4-2-1 某居住区功能布局

（1）功能布局

居住区景观的功能布局是在方案设计的初始阶段，从大局出发对各个区域进行定位和分析，结合人群活动对场所的需求，根据活动内容及其主次，确定功能区域面积、形式以及功能间相互关系等（图 4-2-1）。

功能划分：可以先大致完成动静分区，确定公共空间、私密空间以及半私密空间的大致范围，再结合居住人群需求，进一步划分核心景观区、组团休闲绿地、老人活动场所、运动场地、儿童活动场地等具体功能区的位置、范围等。在这个过程中，要注重景观空间的层级分布、位置选择、空间特质等都要符合场所的使用便捷性等物质要求以及心理需求。在这个阶段，我们可以做多个划分方案，通过深入研究与对比，得出最适宜的景观布局组织方式，为进一步的深入设计打下良好的基础。

功能布局的具体内容如下：

① 主要的功能空间，其大致的面积、位置。

② 功能空间彼此间的距离关系或内在联系。

③ 每个功能空间的封闭状况（开放或封闭）。

④ 屏障或遮蔽。

⑤ 从不同的功能空间看到的特殊景观。

⑥ 功能空间的出入口。

（2）流线组织

流线组织与场地息息相关，也是反映设计与场地呼应的一个重要方面，清晰准确的流线是合理设计的前提。而路网是组织设计场地结构的重要手段，一方面串联场地各功能分区，一方面具有导向性，引导人在居住区内进行各种活动。功能布局和流线组织是设计阶段的起点，也是进一步进行空间深化的基础，成熟的设计师往往由此切入，把握整体空间的定位，并且由点及面，铺设展开，游刃有余地进行后期的设计深化。

居住区的流线组织主要有车行流线和人行流线两种。

车行流线的设计以规划为主，讲求通而不畅，一般为曲线形。在建筑规划中，主要道路规划往往没有考虑景观的功能布局，做景观设计时我们可在合乎规范的基础上对道路流线进行二次设计，使之更好地引导方向、组织景观。

人行流线讲求连贯便捷的通达性，与车行流线园路共同构成规划平面构架。人行流线串联各个功能活动区，能够对人的各项活动进行引导，同时，对空间起到再划分的作用。

人行流线可分为规则式与自由式两种基本情况，设计中常常是这两者的结合与互为补充。需注意其布局需因地制宜，不能单纯追求平面形式的美观而忽视用地条件及实际需求。

① 规则式布局　是指按照一定的几何形态与秩序进行路网平面规划。这种方式给人以整齐、严谨的感受。规则式布局可以是轴线对称式，也可以按照一定的几何规律进行布局，如方格式、斜列式、放射式、环形式等（图 4-2-2）。居住区景观设计讲究环境与自然的融合，规则的形态常常会给人生硬之感，因而这里的“规则”是相对的，设计时要在“规则”中求变化，营造出层次丰富的道路景观。

图 4-2-2　方格式布局（左）与环形式布局（右）

② 自由式布局　不受几何形态的约束，顺应地形、周边环境而为，形式以自由曲线为主（图 4-2-3），适用于地形变化复杂、建筑布局自由以及采取自然山水风格的居住区中。需注意，“自由”也是相对的，要受到用地条件、建筑与景观整体规划的限制，完全的自由会显得散乱，因而在“自由”中常常会结合一定的规律进行设计，才能做好方向引导与景观组织。

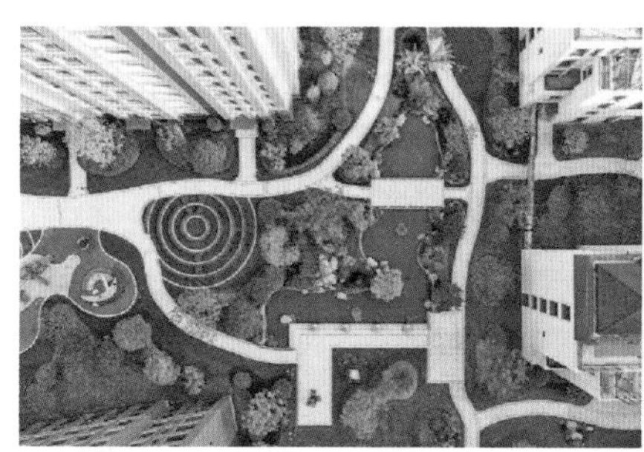

图 4-2-3　自由曲线为主的布局

功能布局与流线组织相互影响、相互制约，共同构成居住区整体的景观结构。在进行布局设计时还要综合考虑场地现状以及各种限制性条件，反复推敲对比，寻求最优方案。

注：

功能图解——功能图解是在了解基地现状和设计任务书之后，设计师综合考虑基地条件情况、设计目标之后，将设计思路用草图的形式表达的图解，又叫作“泡泡图”，其目标在于平面的概念性布局。功能布局、流线组织等景观结构的建构，能够在泡泡图阶段构思清楚，通过功能图解的绘制来实现，功能图解常用符号如下。

易于识别的圈标识不同的功能区；简单的箭头可以表示走廊和其他运动轨迹，不同形状和大小的箭头能清楚地区分出主要和次要走廊以及不同的道路模式，如人行道和机动车道（图 4-2-4）。

图 4-2-4　功能图解常用符号（一）

星形或交叉的形状代表重要的活动节点、人流的集结点、潜在的冲突点以及其他具有较重要意义的紧凑之地；之字形线或关节形状线表示线形垂直元素，如墙、屏障、栅栏等（图 4-2-5）。

图 4-2-5　功能图解常用符号（二）

在这个阶段，使用抽象而又易于表现的符号是很重要的。它们能很快地被重新配置和重新组织，这能帮助设计师集中精力做这一阶段的主要工作，即优化不同使用面积之间的功能关系、解决选址定位问题、发展有效的路网系统。在这些概念发展过程中，最好避免用一些具体的形式和形状来表示。在这一阶段，圆圈的界限仅表示使用面积的大致界限（如多用途的广场），并不表示特定物质或物体的精确边界；定向的箭头代表走廊的走向，也不表示它们的边界。可以指出一些表面物质，如硬质景观、水、草坪、林地的类型，但没必要喧宾夺主地去表示一些细节，如颜色、质地、图案、样式等（图 4-2-6）。

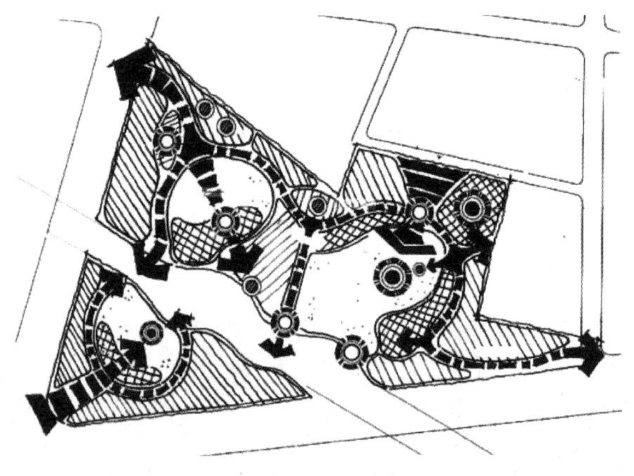

图 4-2-6　功能图解泡泡图

4.2.1.3　空间与形式

在确立了大致的景观结构之后，设计师需要进一步把形式和空间纳入其中，使之从功能和流线的大结构深化为具有平面的形式主题以及空间上的层次与组合的方案。

（1）形式主题

每个居住区在设计阶段，都由具体的几何图形通过一些组合形成。仔细观察会发现，居住区中的图形进行组合之后，都有一种一致感。这是因为图案形式虽然很多，但多数由一两种图形变形而成，只不过有主次之分，主要使用的图形就是形式构成阶段的设计主题。依据平面构成的原则，形式主题可由重复构成、变异、渐变、发射、肌理、近似构成、密集构成、分割构成、特异构成、空间构成、矛盾空间、对比构成、平衡构成等形式组合而来。

接下来，结合居住区景观设计来探讨几种基本形式变形可能产生的变化。

① 矩形主题（图 4-2-7） 矩形这种主题主要是由正方形等矩形组成的。在使用矩形时，可以考虑通过矩形大小、形式比例、各种形式之间的叠加进行变形。它可以通过矩形重复、叠加、相加、相减而成为新的图形。在方案设计中，人们常常会用填格法，即在矩形方格的基础上，确定需要的方格。在进行矩形构成时，必须控制矩形重叠的面积，保证矩形可识别。

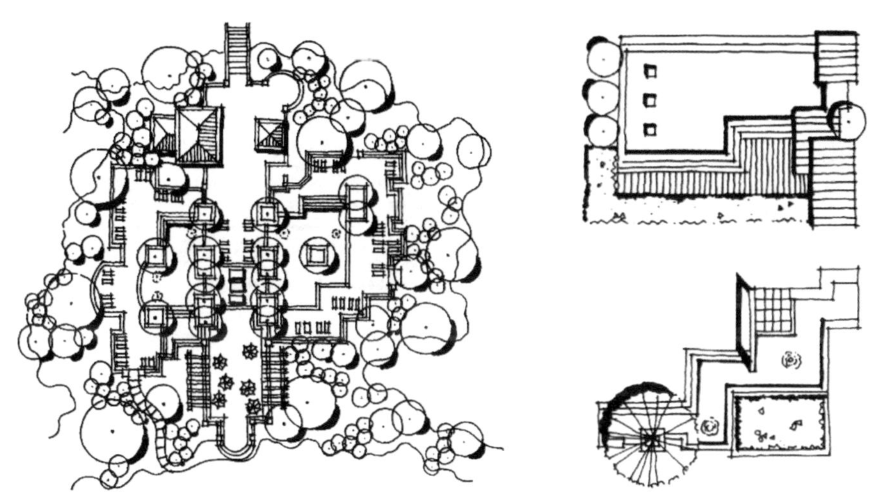

图 4-2-7 矩形主题（一）

由于矩形长宽变化灵活，矩形主题适合布置在任何基地上，即便对于基地比较狭长的区域，矩形主题也依然适用（图 4-2-8）。

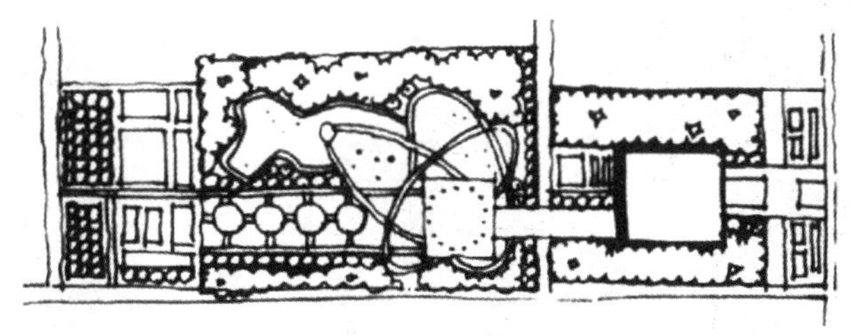

图 4-2-8 矩形主题（二）

具体操作过程中，也可以用不同材质的矩形通过组合形成一定的图形，这些材质在表面上形成的特征就是肌理。这些矩形的肌理可以是木平台、矩形铺砖、汀步等（图 4-2-9）。

② 圆形主题（图 4-2-10） 圆形主题在居住区中也常常被大量使用，通过各种构成和材质肌理的变化，呈现丰富的层次。方式主要有以下几种。

a. 同心圆：可从圆心出发，绘制出若干个半径不同的圆，加强该圆心的集中作用。

b. 叠加：可以绘制多个大小不一的圆形，将它们适当叠加进行组合，形成新的图形。

图 4-2-9　矩形的不同肌理表现

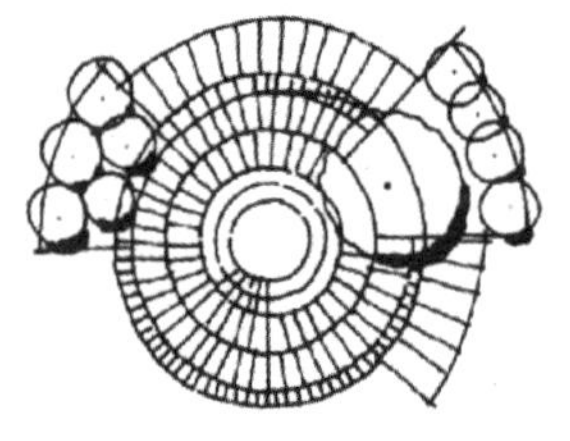

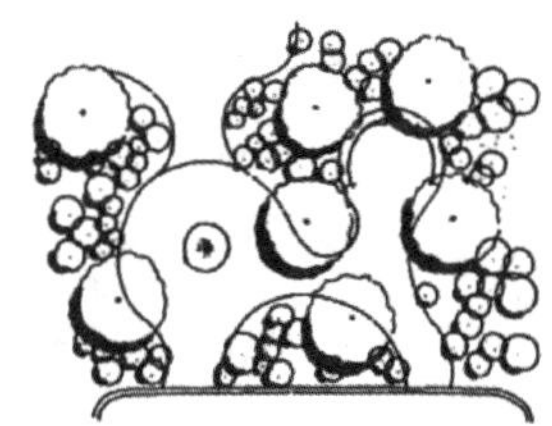
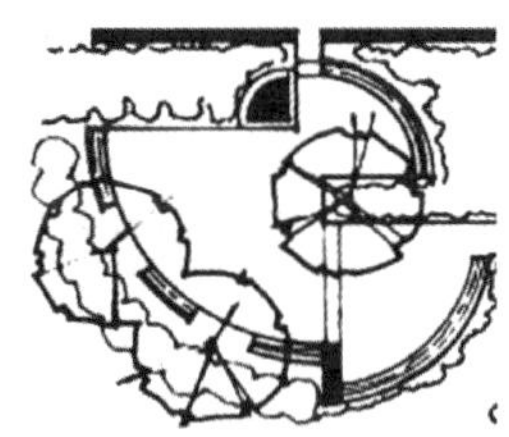

图 4-2-10　同心圆、叠加、相加、相减

但叠加过程中要注意，不能弱化圆形之间的关系（叠加太多或太少，都会使圆形之间的关系变弱）。

c. 相加：几个大小不一的圆，可并列放在一起，形成大小不一的圆形图案，如水中汀步。

d. 相减：几个大小不一的圆通过相减，形成不同领域，进行区域划分。

在居住区设计当中，圆形通过各种构成和材质肌理的变化，可呈现丰富的变化（图 4-2-11）。

图 4-2-11　圆形的不同肌理表现

③ 曲线主题（图 4-2-12）　曲线，是沿一个方向连续变化所形成的线。在方案设计当中，曲线由于形式优美、线条流畅，常常会被人们用来设计成川流不息的河流、柔美的蜿蜒

小道等。此外，为了打破直线、矩形的僵硬、呆板，也常常用曲线来改变形式的局促感，调整景观空间的节奏和韵律。曲线主题的居住区，主要运用了不同大小的圆和椭圆的轮廓线构成曲线形式，这种形式常常会被设计成流动、伸展的线条。

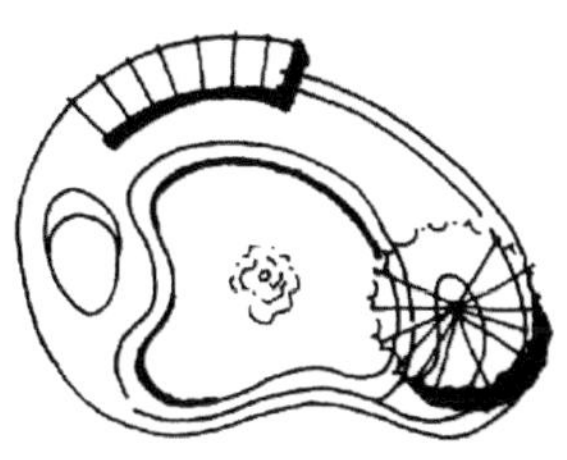

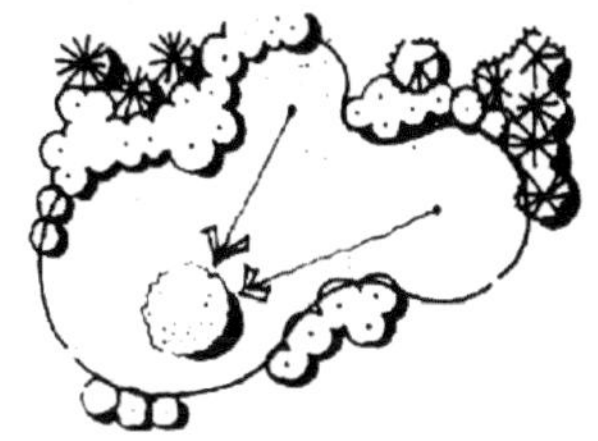

图 4-2-12 曲线主题

④ 斜线主题（图 4-2-13） 斜线主题通常用于设计目标为规则式的区域当中，斜线夹角一般在 30°、45°或 60°。斜线布局有利于破除矩形基地的局促感。

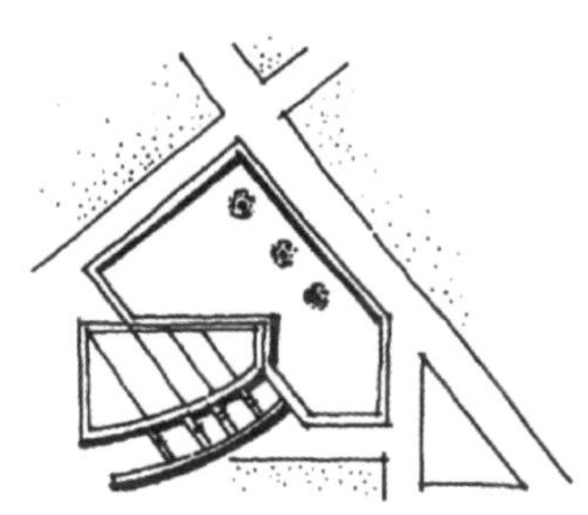
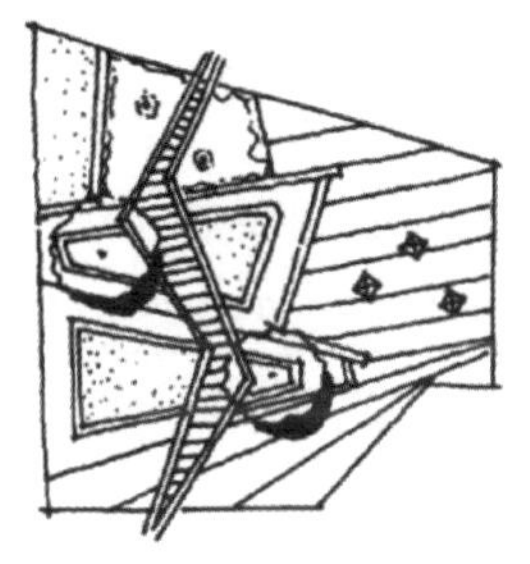
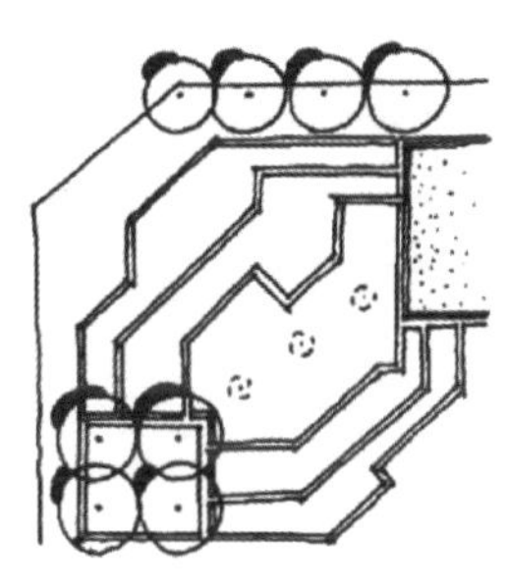

图 4-2-13 斜线主题

⑤ 其他主题（图 4-2-14） 除了以上主题，有些主题之间通过组合形成新的图形。各种主题之间，不是完全独立的，而是可以互相结合进行使用。但要注意：相似主题结合时，对比效果不强烈，而形式变化较大的主题进行组合时，效果比较明显。

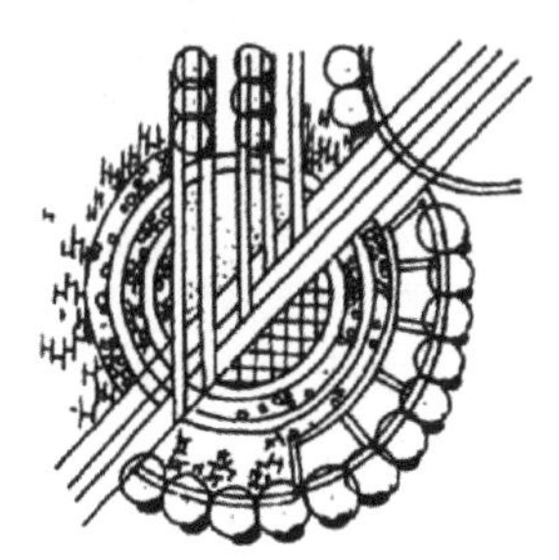

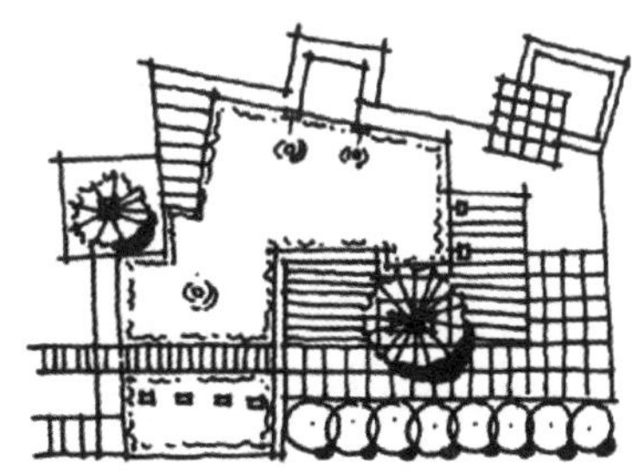

图 4-2-14 圆形与直线结合（左）、圆形与曲线结合（中）、直线与斜线结合（右）

事实上，要在基地上设计并选择出一种最合适、最吸引人的形式图案，是一件不那么容易的事。设计师需要考虑使形式符合功能要求、要能营造出预想的氛围、要符合建筑风格及适合基地等因素。具体可以参考以下方法：

① 选择适用的图形形式 在进行形式构成之前，需要对适用的几何图形进行选择，如采用正方形、圆形、三角形、弧形或是几种曲线进行结合。其构成过程为：先对基地进行功能分区，然后可以用正方形、三角形、圆形等形状打网格，通过图形的重复、叠加、相加、

相减的变化构成新的图案（图 4-2-15）。

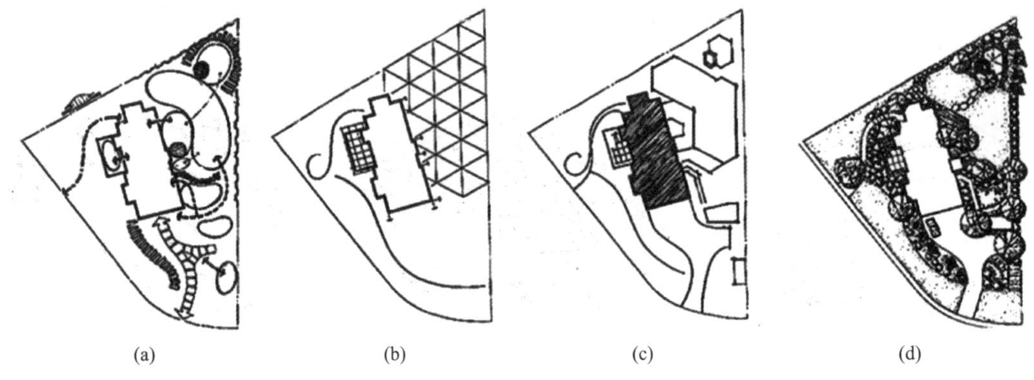

图 4-2-15 形式图案的形成过程

② 对具体事物的抽象 在进行设计前，通常要确定居住区的主题。设计师将该主题抽象形成图案形式。例如，飘带常常被引申为自由之意，借此概念可以将飘带的具象形式用于设计；如果居住区的设计概念来自珍珠，则可以将珍珠、露珠的形式抽象到居住区设计中来；如果概念来自海螺，则可以抽象出典型的元素，构成平面形式。

需要注意的是，居住区景观的形式主题要和其建筑形式风格相一致（图 4-2-16）。例如，中式风格的居住区景观一般为自然式景园，居住区当中更多地要使用曲线作为形式主题；现代风格的居住区中，建筑形式以简洁矩形、方块为主，因而，在居住区景观中较多地使用矩形、直线主题，使整个居住区具有现代感和流线感。

图 4-2-16 中式风格曲线主题（左）、现代风格方形主题（右）

另外，形式主题语言的适度运用可以提高吸引力，但前提是必须遵循场地特征和核心设计主题与理念，以及进行合理的功能分区，顺应人的主体需求。在追求设计形式的同时，不能违背设计的核心主旨，更不能代替设计本身，否则就失去了形式语言的意义。

（2）空间处理

方案的形式主题不能仅仅在平面的基础上考虑，在具体设计中，还要结合空间上的变化以及它们之间的相互影响，来进一步深化设计。在空间处理方面，一般要结合以下几点：

① 空间的分隔与组合 设计师要善于创造丰富多变的空间形态，并把这些大大小小的不同空间合理安排，以形成很好的总体空间效果。具体的多空间创造手法有两类，即空间的分隔与组合。在设计中，往往是两类手法结合使用。

a. 分隔空间。把一个整体的空间通过墙、柱、廊等要素进行空间分隔，从而形成多空间效果（图 4-2-17）。在园林中，可以利用植物、景观小品、建筑物以及构筑物，根据地形的高低变化、水面与道路的曲直变化、人的视知觉变化等因素对空间进行划分，从而使尺度较大的空间柔性地变化为近人尺度的空间，这对于居住区景观空间的处理尤为重要。

图 4-2-17　通过景墙、树池进行分隔的空间效果

b. 组合空间。把大小不同的空间单元在平面上和竖向上进行排列与组合，从而形成丰富的空间效果。设计中，通常利用景观的各因素将空间有机地联系起来，营造出具有不同特色的空间。

② 空间的渗透和层次　空间通常不会也不需要被实体围合得严严实实，当所处空间的围合面中有一定的开口部分，或者说一些虚面参与了对空间的围合时，视线就能透过这些虚面“溜”出去，到达另一个空间，而另一个空间中的建筑、树、人等犹如一幅动态的画面贴合在虚面上，参与了对空间形态的创造。同样，所处的空间也对另一个空间形态的形成发挥作用，两个空间相互因借，彼此渗透，使得空间的层次变得丰富起来。例如我国传统园林的“框景”手法，便是利用了空间的因借与渗透（图 4-2-18）。

图 4-2-18　框景

③ 空间序列　空间的序列与空间的层次有很多相似的方面，它们都涉及将一系列空间相互关联的方法。如果在一个空间中欣赏几个相互渗透的空间时，获得的是空间的层次感，那么依次由一个空间走向另一个空间，最终得到的则是对空间序列的体验。所以，空间的序列设计更注重考察人的空间行为，并以此为依据设计空间的整体结构及各个空间的具体形态。例如，居住区的中心轴线景观空间序列的设计，可以像叙事诗一样，呈现开端→发展→高潮→尾声的完整的变化脉络。

④ 空间对比　在景观设计中将空间的开合闭转进行对比，能突出开敞空间的宽阔、大气，使景观空间产生虚实对比，比如密林与孤植树的对比、草地与乔木的对比。恰到好处地运用对比手法，可丰富景观层次，给景观带来意境。

⑤ 焦点与视线控制　具体包括以下几点。

a. 空间中的焦点　空间中的焦点是促成空间形态构成的重要因素。各类环境要素都能成为空间的焦点，通过对焦点的注视，人们能够加深对整个空间形态的理解。对空间焦点的设计有两点是尤为重要的（图 4-2-19）：

其一是焦点形态的设计。作为空间焦点的环境要素，其形态必须是突出的：或高耸，或造型独特，或具有高度的艺术性。

其二就是位置的选择，如将焦点设置在空间的几何中心、人流汇聚处等重要的位置上，能使焦点获得更多关注，对空间形态的构成发挥更大作用。居住区景观的空间焦点往往在中心景观中心、轴线的尽端、小区出入口等重要的位置上。

图 4-2-19　焦点形态设计与焦点位置选择

b. 视线控制　视线控制包括遮蔽视线和引导视线。利用障景可以遮蔽视线，从而将视线引至别的方向。如果用障景将多个方向的视线遮蔽，则人所处空间的围合感增强，私密性也就大大加强了。用景观创造私密感时，应将视线的控制作为重要的参考因素，可以通过围合空间的植物或景观墙的高度来控制（图 4-2-20）。

图 4-2-20　围合空间

注：

形式构成图解是把功能泡泡图转化成具体的形式，即把一些限制区域的轮廓线具象成某种可辨识的形状之后，实现精确的边界绘制，是在功能图解的基础上的更进一步。从概念到形式的跳跃被看成一个再修改的组织过程。在这一过程中，那些代表概念的、松散的圆圈和箭头将变成具体的形状，实际的空间将会形成，精确的边界将被绘出（图 4-2-21）。

在这个阶段，需要深入推敲一些空间要素为什么要放在那里并且如何使它们之间更好地联系在一起。普遍性的空间特性，不管是下陷还是抬升，是墙还是顶棚，是斜坡还是崖径，都能在这一阶段得到进一步发展。

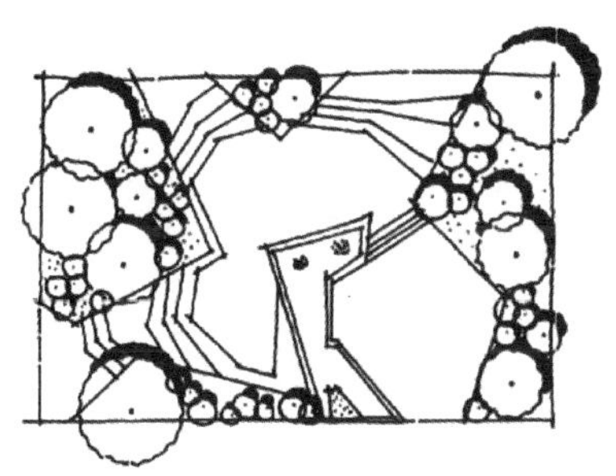
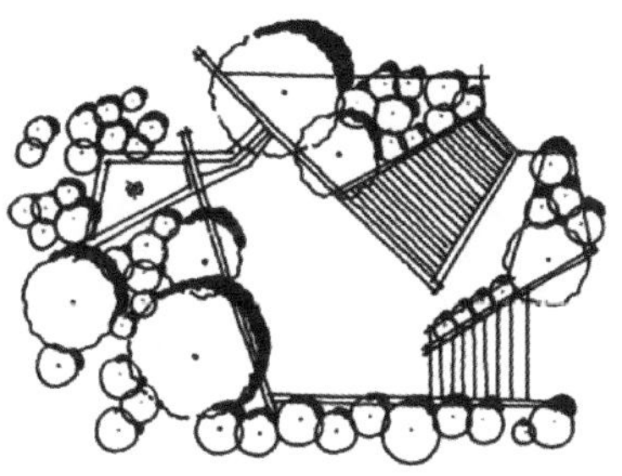

图 4-2-21　形式构成图解

4.2.1.4　构筑要素与细节

明确整体结构与设计形式、空间处理之后，方案就进入了深度设计阶段，在这一阶段需要以元素、材质、色彩等构成要素来完善具体的空间构想与功能内容，通常的设计要素包含园路及广场铺装、园林建筑构筑、植物组景共构、竖向地形地物等。实现功能空间构想的手段有：各类要素根据空间特性规则的空间尺度控制，要素根据空间特性所呈现的数量、组合方式，等等。而各类空间则依照结构的规则来形成方案的整体形态关系。对于各类要素的差异化构想，是实现设计方案丰富性的根本手段。

任何一种要素都可以成为空间构成的核心要素，也可以成为不可或缺的配角要素。而决定要素主次与在空间中角色的根本因素是对设计空间的基本意图。比如，当需要塑造一个活动性强的儿童活动类或休闲活动类空间场地时，建筑、铺装、构筑物等成为了空间的主导要素；如果加入地形空间形象的概念来组织建筑、铺装等要素，则会变得更有趣。

综上所述，根据空间要素的组合关系、主次关系、形式关系，可以演绎出无数类型和特征差异形态的空间。设计要素作为设计的构成基础，如同作文中的字词，认知要素是基础，核心要素组合是进阶，合理运用是做好设计的前提。

注：

设计要素的置入——经过这个阶段的深入绘制，可辨认的物体将会出现，实际物质的类型、颜色和质地也将会被选定。因此，要明确各种形式图形所代表的具体景观元素，如：圆形指代的是小水池还是景观树池，方形指代的是草坪还是硬质铺装等（图 4-2-22）。

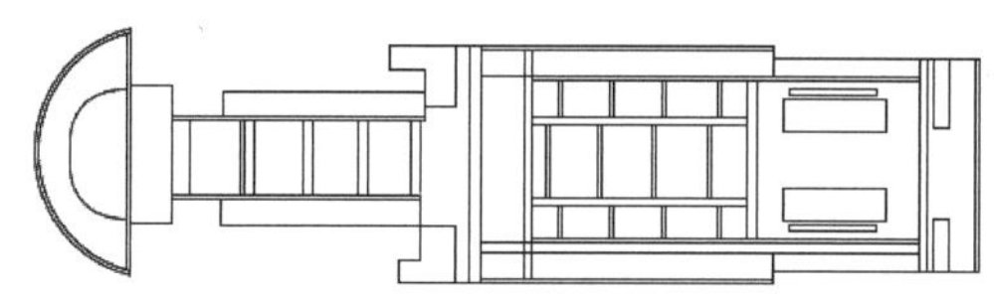
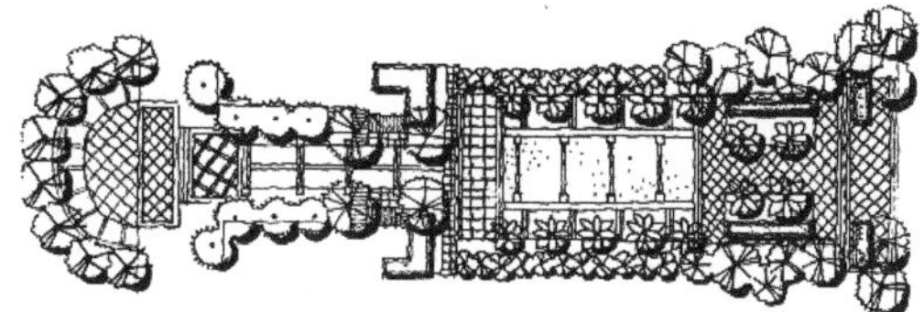

图 4-2-22　设计要素的置入

另外，在深入图解的设计过程中，我们可以将设计的基本元素归纳为10项，其中前7项是可见形式，即点、线、面、形体、运动、颜色和质地，后3项与不可见的感觉有关，即声音、气味和触觉。把握住这些设计元素能给设计师带来很多机会，设计师能有选择或创造性地利用它们满足特定的场地和甲方要求。

4.2.2 方案设计内容与设计成果

当居住区景观设计方案构思完成后，通常需要用正式的方案设计"文本"呈送甲方或其他单位（如政府或招标投标管理单位等）供审查、研讨之用。因此对图纸的表达完整性、准确性等要求就比较高。除了图纸以外，一般来讲方案表达中还需要将文字说明等内容也作为方案文本的一部分，以便将图纸难以表达的信息整合到方案文本中。这里将方案文本的构成内容总结如下。

（1）设计说明

① 现状概述　概述楼盘区位、策划、总体规划、当地自然及人文条件等背景情况；简述景观工程范围、工程规模和特征等。

② 现状分析　对项目的各项条件进行分析。

③ 设计依据　列出与设计有关的依据性文件。

④ 设计指导思想和设计原则　概述设计指导思想和设计遵循的各项原则。

⑤ 总体构思和布局　说明设计理念、设计构思、功能分区和景观布局，概述空间组织和园林特色。

⑥ 专项设计说明　说明竖向设计、园路设计与交通分析、绿化设计、园林建筑与小品设计、景观照明设计等。

⑦ 技术经济指标　计算各类用地的面积，列出用地平衡表和各项技术经济指标。

⑧ 投资估算　按工程内容进行分类，并分别进行估算。

（2）设计图纸

① 区位分析图　标明用地所在城市的位置和与周边地区的关系。

② 小区总体规划条件分析图　对规划用地做出各种分析。

③ 总平面图　标明用地边界、周边道路、出入口位置、设计地形等高线、设计植物、设计园路铺装场地、各类水体的边缘线、各类建筑物和构筑物、停车场位置及范围；标明用地平衡表、比例尺、指北针、图例及注释。

④ 功能分区图或景观分区图　标明用地功能或景区的划分及名称。

⑤ 园路设计与交通分析图　标明各级道路、人流集散广场和停车场布局；分析道路功能与交通组织。

⑥ 竖向设计图　标明设计地形等高线；标明主要控制点高程；绘制地形剖面图。

⑦ 绿化分析图　标明植物分区和各区的主要或特色植物（含乔木、灌木）；标明乔木和灌木的平面布局。

⑧ 主要景观节点设计图　包括主要节点的平、立、剖面图及效果图，景观照明图，以及其他必要的图纸。

⑨ 灯具、家具配置示意图　在方案构思阶段，灯具、家具等部分的设计也要考虑，但大多数情况下都只需要完成选型，并用示意图片展示。注意：所谓景观家具，是指居住区景观环境中配套的成品座椅、垃圾桶、雕塑、花盆等设施。

4.2.3 方案设计图纸表达

4.2.3.1 平面图表达

由于CAD尺寸比较好控制，绘制比较精确，现在较常使用CAD制图的方式绘制平面图。平面图常用比例 1∶500～1∶1000，主要示意居住区场地空间的整体布局与周边环境的关系，包括：地形测量坐标；设计范围（用中粗点画线示意）；场地内建筑物首层外轮廓线；建筑名称、层数、出入口及需要保护的古树名木位置、范围；场地内道路系统及地面停车场位置；设计范围内各景观组成要素（如水景、铺装、建筑小品及种植范围等）的位置、名称；主要地形设计标高或等高线，如山体的山顶控制标高等；图纸比例、图例（图 4-2-23）、注释、指北针或风玫瑰图。

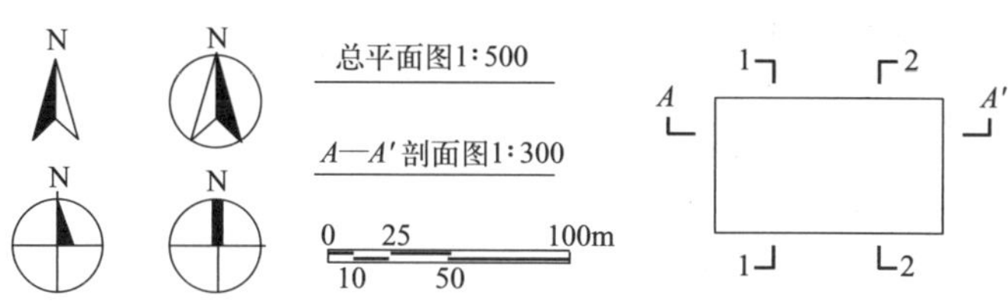

图 4-2-23 常用图例

彩色平面图的表现方式多样，可以手绘加马克笔或通过 Photoshop 绘制彩色平面图进行表现，也可以使用 SketchUp 草图大师绘制。目前，流行的彩色平面图按风格大致可以分为传统彩色平面图和表意彩色平面图两大类：

(1) 传统彩色平面图

它是最常见的彩色平面图，表达的内容比较详细：水体、园路、植物、建筑、详细节点等。主要是由平面树、贴图和周边环境三大要素灵活搭配，从而营造出不同风格。

① 真实平面树＋纹理 这是最经典的表现手法，包含道路、植物、铺装以及周边环境等关键信息，能够比较完整地反映景观设计方案的细节。例如，图 4-2-24 所采用的平面树为“真实风格”图例，节点的铺装纹理清晰，周边环境则通过简单填色和纹理叠加营造出氛围感，相互融合。同理，可以根据色调制作出清新风格或类似手绘风格等（图 4-2-25）。

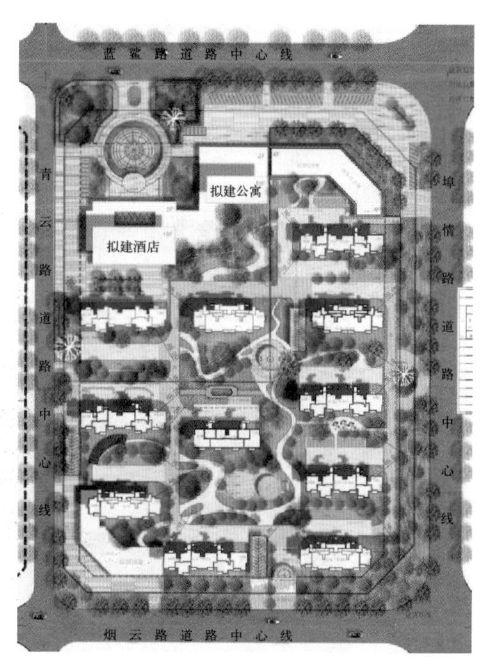

图 4-2-24 真实风格

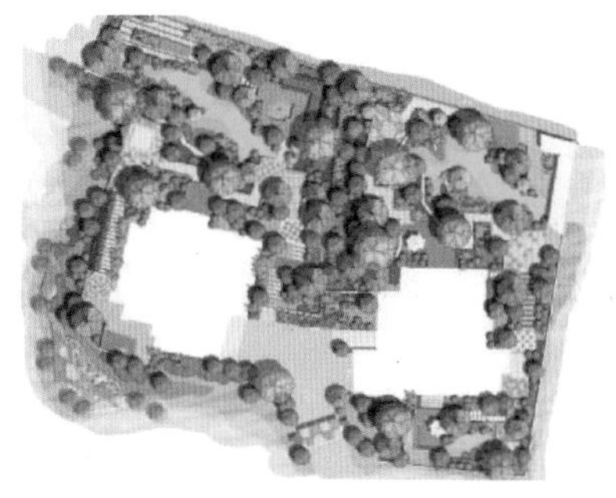

图 4-2-25 清新风格（左）、手绘风格（右）

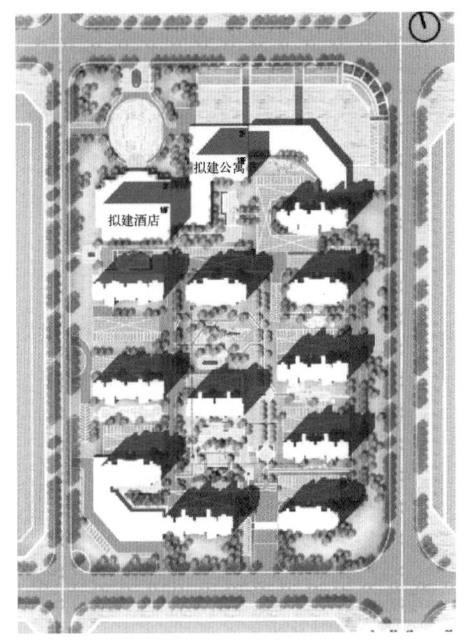

图 4-2-26　色块法

② 纯色树+纯色铺装　植物图例和铺装用色块代替，纹理填充较少，可以节省时间。例如，图 4-2-26 中使用的“色块法”同样会非常吸引人。同理，此类图纸也可以衍生出众多不同的风格。

③ 软件渲染出图　在建模的基础上调好角度渲染出图，得到基础图后进入 Photoshop 调整处理。若整个项目有完整模型，此类平面图的出图方式非常高效。例如图 4-2-27 这种效果的呈现。此类图纸对个人建模、渲染、后期处理和电脑配置等多方面要求较高，如果渲染能力突出，那么彩色平面图将呈现“实景航拍”的真实效果。

(2) 表意彩色平面图

此类平面图以色块和肌理表现场地，一般由贴图和整体环境构成，形式创新，表达内容通常有限，一般结合具体设计策略配合肌理、图标等辅助表达，缺少对于节点的体现。与传统彩色平面图不同的是，此类平面图更多地结合理念和策略，提出一种规划（概念性）的想法和思路，更适合在竞赛中出现（图 4-2-28）。

图 4-2-27　软件渲染出图

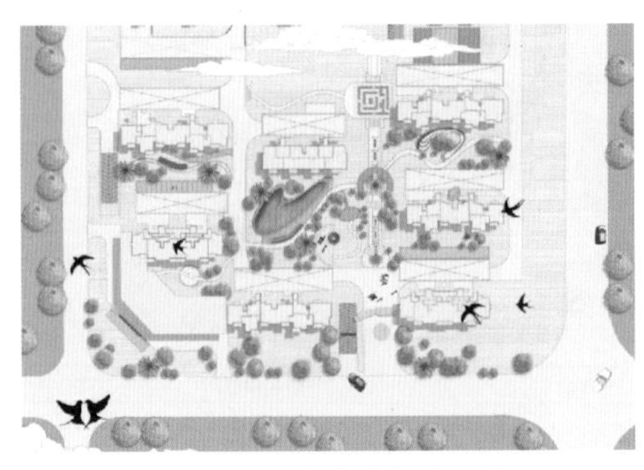
图 4-2-28　表意彩色平面图

4.2.3.2　分析图表达

(1) 区位分析图

区位分析图主要通过平面图的形式表示居住区在城市中的位置，反映与周边道路或地块的关系。底图可以使用卫星拍摄影像图或基地地形图，由市域到区域分别标注场地的位置。

（2）场地现状分析图

常用比例 1∶500～1∶1000，主要示意居住区场地及外围城市建筑和规划现状。包括：地形、地物；植物状态；水系及其走向；原有古树、名木、文物位置及保护范围；需要保留的其他地物，如市政管线等。

若景观设计的实建场地现状条件较复杂，元素较多，有依山傍水或地势高低起伏的地形地貌，基地内或基地周边有水系、植被资源、建筑物或构筑物等情况，可以采用分层的方法表达各元素的现状条件，即每一种元素单独一个图层，按元素的空间竖向关系由上而下分层分析。

（3）功能分析图（图 4-2-29）

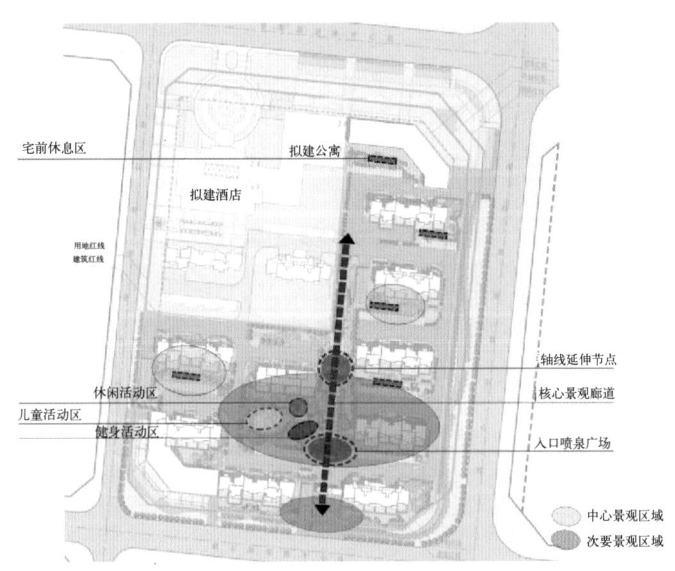

图 4-2-29　功能分析图

常用比例 1∶500～1∶1000，主要通过色块填充的方式在平面图上将各个景观功能区域进行划分，表示出各个功能分区的位置、空间形状、尺度比例等关系。除了色块，也可以用 CAD 的填充图案和文字块嵌入的方式。

（4）道路系统分析图（图 4-2-30）

常用比例 1∶500～1∶1000，主要示意居住区的道路组织情况（车行、人行的道路分级情况）、居住区的主要出入口和次要出入口的分布及位置、主要交通节点的位置。常用不同粗细、不同颜色的实线或虚线表示交通流线的分级，同时，还会在图面上标注场地的主要出入口和停车场位置。

（5）景观视线分析图

常用比例 1∶500～1∶1000，主要示意景观组织意向、主次空间的布局和位置关系、视线通达情况等。景观视线分析图常能直观地表示出空间中的景观焦点和观景点的设计。要先确定景观空间的主要景观节点和竖向空间上的制高点，再以箭头发散的方式表示这个节点的视线通达情况，可用粗细、长短不同的箭头来表示视线的通达程度。

（6）绿化种植分析图（图 4-2-31）

常用比例 1∶500～1∶1000，主要示意居住区植物的配置情况、种植设计的范围及其形态、主要树种的名称和种类、主要观赏植物形态。

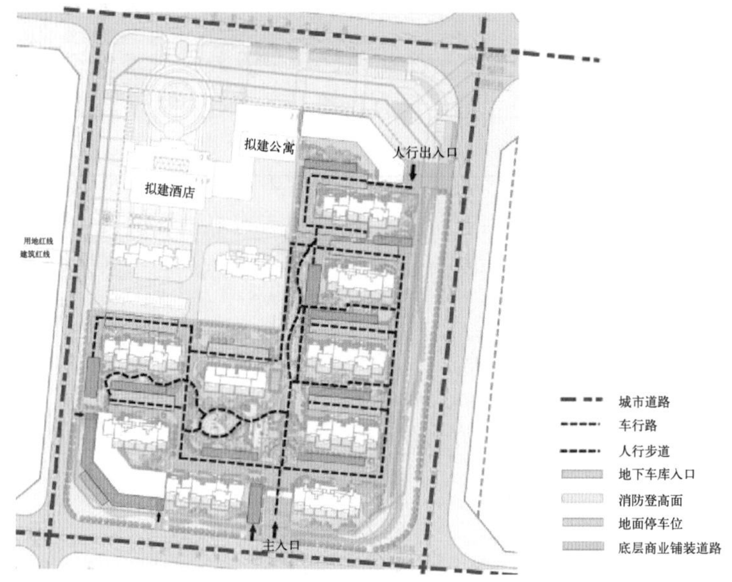

图 4-2-30　道路系统分析图

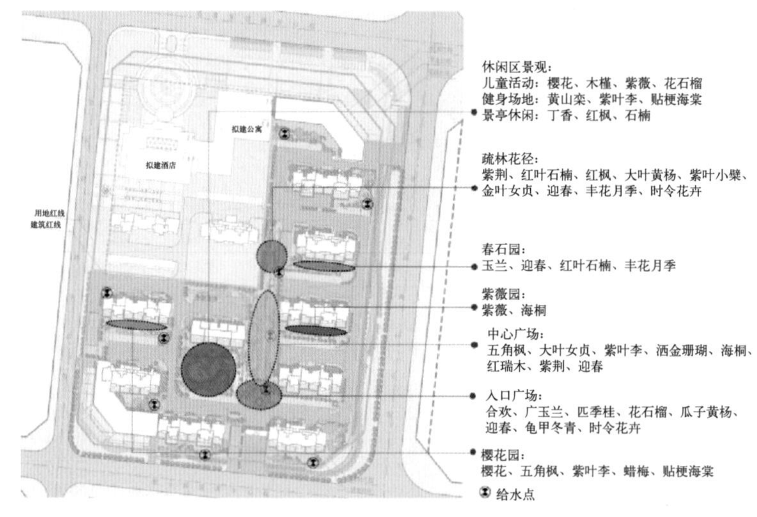

图 4-2-31　绿化种植分析图

4.2.3.3　剖、立面图表达

（1）主要或局部剖、立面图（图 4-2-32）

常用比例 1∶100～1∶300。针对居住区景观中地形变化较大的情况或特殊部位的处理，可将这些部位与建筑和道路的关系通过绘制剖、立面图的方式表达出来，强调设计的层次和细部，示意高差，说明特殊处理的方案，清晰表达地形变化和地形对视线的遮挡作用，以及水资源循环的关系。

（2）主要建筑物、构筑物的平面、立面、剖面图

常用比例 1∶100。对于居住区中心广场或主要景观节点的重要建筑物、构筑物，应画出平面、立面、剖面图或三视图，并标明材料和尺寸。

图 4-2-32　剖、立面图

4.2.3.4　效果图表达

效果图图纸比例可根据细节设计和构图需要而定。效果图能够直观地、生动地表达设计意图，从而使观者能够进一步地认识和理解设计师的设计理念与设计思想。目前，越来越多的软件可提供绘制效果图的功能，而效果图的表现往往会根据不同要求使用不同的表达手法。效果图表达风格如下。

（1）写实风（图 4-2-33）

图 4-2-33　写实风效果图

写实风效果图反映自然状态下的景观效果，是使用最频繁的效果图风格，但它的材质、光线的调整会稍微烦琐一些。写实风效果图的五大核心点为：光影的细腻感、材质的真实感、构图的形式感、配景的完整感和素材的品质感。

（2）拼贴风（图 4-2-34）

拼贴画即 collage，是多种元素相互叠加的产物，通过局部拼凑的方式形成一种极具艺术感的效果，具有独特的魅力。在国外经常用拼贴的手法，去表现一个场景、一个故事、一种逻辑，甚至是一张技术图纸。目前，拼贴风渐渐成为海外院校和一些设计事务所主流的表达方式。相较于传统的写实渲染风格，拼贴风可以帮助设计师在短时间内绘制理

图 4-2-34　拼贴风效果图

想化的场景，强调纯粹化的概念。拼贴风效果图的关键要素为：构图、配色、纹理和素材。

（3）古风（图 4-2-35）

图 4-2-35　古风效果图

古风效果图与其他风格最大的区别就在于它令人舒服且低饱和度的配色、细致精巧的画风、大量材质效果的叠加以及各种常用元素的混合。现在的古风效果图大多是仿工笔画，整个画面的精细度极高。古风效果图的四大绘图要点为：构图、底图、配景和配色。

（4）插画风（图 4-2-36）

图 4-2-36　插画风效果图

插画风就是让文字内容、故事或思想以视觉化的方式表达，更加通俗易懂。插画风相较于其他风格操作更简单一些，但是却更具有表现力，因此受到许多人的追捧。插画风效果图的特点为：创造的灵活性、氛围的感染性和时间的可控性。

4.3　细部设计（扩初设计）

4.3.1　扩初设计工作步骤

扩初设计阶段，一般是大型复杂项目的居住区景观方案设计阶段（宏观控制）往施工图设计阶段（微观深化）过渡的阶段，小型、简单项目通常可以直接由方案设计阶段进入施工图设计阶段。本阶段的主要目标是在方案设计的基础上，从尺寸、材料、做法等各个方面进行深化和细化，以避免在施工图设计阶段再来解决一些较大的问题。可以参考以下工作步骤。

（1）对方案设计回顾及优化

居住区景观设计过程中，方案设计通过了甲方、政府相关部门等单位的审查和批准，并不代表方案已经非常完善。甲方、政府相关部门等之所以通过方案设计，常常是因为方案的主要构思达到了要求，但方案大多还存在需要优化的问题。扩初设计阶段，首要的任务就是尽量找到这些问题并解决。否则，直接进入施工图阶段后再来修改，将造成巨大的浪费。

（2）对方案设计各方面细化

在方案设计经过了优化和完善后，就可以开始适当的细化工作。区别于后面施工图阶段的设计细化，扩初设计的细化侧重于整体的、大尺寸的细化，而不需要表达所有详细节点的做法、尺寸。

扩初设计中硬景的设计细化主要针对尺寸和材料，尤其是面积较大、对成本和效果影响较大的主要材料类型及尺寸。扩初设计阶段可以经过多方对比成本高低、效果好坏、后期维护难易和对方案构思的符合程度等，选择最优化可行的材料类型及尺寸。需要在本阶段进行设计细化的主要内容为：

① 所有组成部分和区域所采用的材料，包括它们的色彩、质地、图案（如铺地的图案）。

② 主要、次要区域的植物。需要分析、绘制它们成熟期的图像，考虑其尺寸、形态、色彩、肌理。

③ 空间设计的质量和三维效果，如棚架、围墙、土丘等部分的高度和形式。

④ 道路、铺地的准确标高及坡度。

⑤ 室外设施（如凳椅、盆景、水景、石材等）尺寸、外观和配置。

（3）扩初设计的各专业配合

进入扩初设计阶段，要保证设计的可实施性，一般就需要其他专业工种参与进来进行商讨。比如，涉及挡土墙、挑台、水池的设计，通常需要结构专业人员进行配合，研究可行性并确定主要尺寸；涉及夜景照明、智能控制的设计，通常需要电气专业人员参与研究；而涉及水体、排水等问题的设计部分，当然也离不开给排水专业人员的协同合作。

另外要注意的是，由于居住区景观设计中景观与住宅建筑的结合非常紧密，因此除上述几个专业以外，与居住区建筑的设计师协作也是十分重要的。比如，车库坡道顶板上的植物种植如果导致其顶板结构降低，就需要建筑设计师及结构工程师一起参与对车道净空高度的核查。

4.3.2　扩初设计内容

在扩初设计阶段，需要对景观空间的造型、材料、色彩、技术等进行深入细致的设计，需要具体考虑设计方案得以实现的技术手段、施工方式与工艺等。在这一过程中设计构思方案将逐渐清晰、完善，同时也会出现新的问题，这就需要重新修改、调整、优化某些细节，以保证整体设计构思的顺利实现。扩初设计的要求如下：应满足编制施工图设计文件的需要；应满足各专业设计的平衡与协调；应能据以编制工程概算；提供报有关部门审批的必要文件。设计文件内容包括以下几个方面。

（1）设计总说明

内容包括设计依据、设计规范、工程概况、工程特征、设计范围、设计指导思想、设计原则、设计构思或特点、各专业设计说明、在扩初设计文件审批时需解决和确定的问题等内容。

（2）总平面图

内容包括基地周围环境情况、工程坐标网、用地范围线的位置、地形设计的大致状况、坡向、建筑和景观小品位置、道路与水体的位置、绿化种植的区域、必要的控制尺寸和控制高程等。

（3）道路、地坪、景观小品及园林建筑设计图（比例一般采用 1∶50、1∶100、1∶200）

① 道路、广场应有总平面布置图，图中应标注出道路等级、排水坡度等要求。

② 应有道路、广场主要铺面要求，和广场、道路断面图。

③ 应有景观小品及园林建筑的主要平面图、立面图、剖面图等。

（4）种植设计图及品种介绍彩图

① 种植平面图比例一般采用 1∶200、1∶500，图中标出应保留的树木及新栽的植物。

② 主要植物材料表。表中分类列出主要植物的规格、数量等，需满足概算需要。

③ 其他图纸。根据设计需要，可绘制整体或局部种植立面图、剖面图和效果图。

（5）景观配套设施初步选型表

根据甲方需要，可初步列表表示包括座椅、垃圾桶、盛花器、儿童游戏及健身器材等在内的配套设施型号、安放位置及数量等，可以配以图片示意。

（6）景观给排水布点平面图

（7）景观电气、灯位布点平面图

对所选灯具及彩色图片示意。

（8）硬景物料表

绘出重要物料的彩色图片和物料索引图。

（9）设计概算文件

由封面、扉页、概算编制说明、总概算书及各单项工程概算书等组成，可单列成册。

4.4 施工图设计

4.4.1 施工图设计工作步骤

施工图设计阶段，是设计工作的最后一个阶段，本阶段的设计成果将作为甲方的工期安排、甲方资金及人员安排、施工招投标、施工单位的资金及人员安排、整个施工过程的依据。施工图设计的基本工作步骤如下。

（1）对方案设计图纸或者初步设计图纸进一步优化、细化

设计阶段的设计优化，必须对各个主要部分内容（包括功能分区、选型选材等方面）进行反复推敲，确保满足甲方及使用者的要求。在图纸细化方面，基本的细化内容与扩初设计

阶段相似，但是精确度要求更高，其目的是要能保证施工。

（2）专业配合与研讨

主要内容参见扩初设计阶段专业配合工作。但要特别提醒的是，由于施工图设计阶段是设计工作的最后成果阶段（不包括施工期间服务），因此要确保绘制成图的各个专业图纸一致。

（3）绘制图纸

施工图设计阶段的图纸，主要是四大部分形成的体系：其一是图纸目录和施工总说明；其二是总平面图及各分区平面图；其三是各个局部的、节点的详图；其四是植物布置图（一般也称为软景图）。以上图纸，不论是平面图还是详图的绘制，每个项目都可能有很大的差别，这里仅就景观专业（不含建筑、结构、水电等专业）的图纸体系做一些概括性的介绍。

4.4.2 施工图设计图纸体系

4.4.2.1 图纸目录和施工总说明

（1）图纸目录

它主要说明该工程是由哪几个专业图纸所组成的，以及各专业图纸的名称、张数和图号顺序。一般需要列出序号、工程名称、工程编号等。

（2）施工总说明

它主要说明工程概况和总的要求，包括设计依据、设计标准、施工要求和图纸无法表达的内容等。

4.4.2.2 总图及分区图

（1）总图（比例一般采用1∶200、1∶300、1∶500、1∶1000）

总图部分的绘制就是设计师的概念设计落实到实际现场中的过程，要使设计满足使用功能及规范要求，是可行性操作的第一步，也是整个施工的纲领。

施工图设计阶段的图纸内容相当复杂，不仅有尺寸、文字说明等标注，而且里面的图案也会比较细致地表达出来。为了保证既能看到全貌，又在大小合适的图纸上打印出来，施工图总图的形式就需要根据场地规模来确定：

① 较小场地直接用总图加节点详图的形式。总图分为索引总图、竖向总图、尺寸定位总图、铺装总图等分别进行详细标注，局部在总图上难以表达细节的内容用节点详图索引的方式说明。

② 如果场地较大，一般采用总图加分区图的形式。总图简化标注，不需要将所有的内容都在总图上完成，只需要进行分区索引，让人明白在哪里找细化的分区图，各类细节标注在分区图上完成。

要注意的是，分区可以根据实际情况采用便利的方法。可以根据图纸规格（A0～A3），用矩形进行分区。无论哪种方法，只要方便进一步深入和清晰表达即可。另外，分区的时候应避免遗漏掉需要表达的区域。

注：

常用施工图的图纸尺寸如下。

A0规格：1189mm×841mm；

A1规格：841mm×594mm；

A2规格：594mm×420mm；

A3规格：420mm×297mm。

（2）各分区图（比例可视情况而定）

将总图进行合理的分区后，要进行分区图纸的绘制。分区部分的图纸是在总平面图的基础之上，将已有总平面索引图划分好的各个分区进行详细绘制。分区图其实可以当作一个小的总图来看，所以总图上的索引、竖向、尺寸、铺装等内容，在分区图中是同样的。可以根据分区大小，选择在一张分区图中将所有这些内容都标注详细，也可以再分为分区总图和分区尺寸定位图、分区竖向图，以及分区铺装图等。

注：

一般所称的“定位图”，顾名思义，也就是要能用于尺寸定位的图。需注意的是，在绘制定位尺寸的过程中有许多技巧：

① 首先，既然要定位，就必然需要一个起点。在建筑施工图中，通常会提到城市坐标系、施工临时坐标系等概念，而在居住区景观施工图上相对简单很多。由于相关图纸中，住宅建筑一般已经由建筑专业单位提供了准确的定位，所以在居住区景观施工图上一般只需要以住宅建筑的最近点为参考点就可以了。

② 其次，对于不同的图案，有不同的标注方式：水平垂直的矩形，一般只需要长、宽尺寸；而有旋转角度的矩形，还需要标注旋转的角度；对于圆形或弧形，需要标注圆心与半径，并以圆心为定位点；对于异形的图案，有可能会用到放样图的形式。

③ 要注意，标注尺寸的文字大小、方向，以及标注形式等在相关规范中都有要求，应养成按照规范进行图纸绘制的习惯。

4.4.2.3 节点详图

详图的绘制包括室外工程及园林建筑小品，具体设计规范可以参考国家建筑标准设计图集中的《环境景观》系列标准图集。由于标准图集中多数是比较基础的、保守的施工做法，随着城市建设的发展以及新材料、新工艺的出现，施工图设计师应该根据实际情况来绘制施工详图，多去材料市场和施工现场了解新的施工工艺，提高专业知识和技术水平。

（1）节点平面图（比例一般采用1∶100、1∶150）

不论是方案构思，还是施工图绘制，居住区景观设计的图纸绘制一般都是从平面开始的，节点详图也不例外。节点平面图与前文分区总平面图的绘制基本相似，只不过随着需要表达的对象的尺寸越来越小，其绘制的对象也越来越具体而已，主要包括节点平面的尺寸定位及索引、铺装材料等内容。对于比较重要的节点，还需要出节点大样图，把微小的材料尺寸与结构做法表达清楚。

（2）节点大样图（比例一般采用1∶10、1∶20、1∶30）

当节点平面图上已经可以索引到一些单体构件如台阶、花池、单块铺地、单个挡土墙座椅等时，就可以进行“大样图”的绘制了。

不同于以上所有图纸，各种不同单体构件的大样图很难用“平面图”这一形式串联起来。因为每一种单体构件的造型、做法、构造，都是千差万别的。对于有些单体构件，比如台阶等，关键是要表达好剖面的关系；还有一些构件，如铺地就主要是平面上对材料的排布；而另外一些构件，比如树池、中式亭阁，则对构件的长、宽、高三个方面都要进行设计推敲及图纸绘制。

由于不仅各个单体构件差别极大，不同项目的同一构件的做法、特点、要求也差别极大，所以这方面的能力需要通过长期实践，并大量阅读优秀项目的设计图纸才能较好地掌握。

从总平面图到分区平面图，再到节点详图，是层层递进、层层深化的过程。分区平面图和分区各详图之间、详图与详图之间由索引符号“链接”。这就要求我们在图纸的绘制过程中，始终要做到条理清晰。

注：

景观标准图集《环境景观——室外工程细部构造》适用于居住区、庭院及各类公共绿地等室外景观工程设计，主要包括道路、透水铺装、台阶、花（树）池、景墙、廊架、水池、驳岸、瀑布、跌水、旱喷、镜面水池、景观桥、坐凳、汀步、车挡、排水沟、排盐碱措施、雨水生态技术及常用材料主要性能表等，可供建筑师、景观设计师使用。

4.4.2.4 绿化布置图（比例一般采用1：50、1：100、1：200、1：500）

绿化布置图表达的对象主要是植物的布置及要求。对植物的种类、规格、配置形式等做图面绘制，作为苗木购买、苗木栽植和工程量计算的依据。可借助网格定位法来确定植物的栽植位置，清点各类植物的数量，并在平面图上绘制出植物的冠幅。对于景观要求较为细致的种植局部，施工图应表达出植物配置的高低关系、植物造型的立面图和剖面图，或通过文字进行必要的阐述与标注。对于种植层次较为复杂的区域应该绘制分层种植图，即分别绘制该区域的乔木种植施工图及灌木、地被种植图纸。

对行列式栽植的植物，如行道树、树阵等，可用尺寸标注出株行距、始末树种植点与参照物的距离。如果是自然式栽植的植物，如孤植树，可用坐标标注种植点的位置。如对植物的造型、规格有较为严格的要求，应在施工图中表达清楚，或在苗木种植表中加以标注。对于片植或群植的植物，植物配置图应绘出清晰的种植范围边界线，引线标明植物的名称、规格、密度、数量等，并与苗木表一一对应。如植物边缘为自然形态，也可用坐标网格进行定位，并结合文字标注。

由于对象是植物，因此绿化布置图通常也被称为绿化施工图。一般在居住区景观施工图的图纸装订中，为使用方便，都是单独装订。

4.4.2.5 居住区景观施工图装订顺序

前面介绍了居住区景观施工图绘制的四大部分，在绘制完成后，一般是根据以下图纸顺序装订成图。

（1）图纸目录及施工总说明

（2）园建图纸部分

① 设计说明及技术指标（景观面积表）。

② 总平面图、总平面分区图。

③ 各区域平面图。

④ 各区域平面尺寸定位图、竖向图、家具布置图等分项图纸。

⑤ 各区域剖面图。

⑥ 节点平面图。

⑦ 节点大样图。

（3）绿化图纸部分

① 设计说明及技术指标（植物配置表）。

② 总平面图（分区图）。

③ 各区域平面植物布置图（乔木）。

④ 各区域平面植物布置图（灌木、草坪）。

⑤ 重点部位植物布置详图。

注：

实际工作中，一套完整的景观项目施工图中还需要电气及给排水部分图纸，这就需要有相关专业的工程师配合完成。景观设计师对其应当有所了解。给排水施工图或灌溉系统平面图绘制工作主要包括：分区绘制灌溉系统平面图，详细标明管道走向、管径、喷头位置及型号、快速取水器位置、逆止阀位置、泄水阀位置、检查井位置等，给出材料图例、材料用量统计表等。照明电气施工图主要内容包括：灯具形式、类型、规格、布置位置；配电图，包括电缆和电线的型号、规格、连接方式；配电箱数量、形式、规格等。

第5章 居住区景观设计案例：新中式居住小区

导言：本章通过实例，梳理典型的居住区景观设计方法与流程。方案为新中式风格小区，场地规模适中，内容全面，从项目理解、设计策略、方案设计一直到施工图设计部分。通过对案例的分析讲解，使学生深入了解居住区景观设计的基本过程、掌握设计的基本方法，并熟悉设计目标、设计策略、构思方法、方案生成以及设计表达等，为读者提供可操作性强的实践参考。

5.1 设计前期及方案部分

5.1.1 项目理解

在实际工作中，方案设计的起始阶段建立在对项目的深入认知与理解的基础之上，通过现状调研以及对前期规划和建筑专业图纸的了解、分析，着重从场地区域、周边环境、交通状况、自然条件等方面，总结提炼出该项目场地的优势与不利条件，从而在后续的设计工作中能够提出有针对性的设计策略与方案，形成独具特色、生态优良的居住空间。

(1) 区位分析

该案例项目位于山东省淄博市，地处黄河三角洲高效生态经济区、山东半岛蓝色经济区两大国家战略经济区与省会城市群经济圈的重要交会处。

具体位置位于淄博市张店区，基地东临书香路，南邻和平路，北侧是新村西路，道路通达。附近有山东理工大学东校区、淄博市体育中心、中心医院、孝妇河湿地公园等，设施配套十分齐全（图 5-1-1）。

从现状图纸，我们可以了解、分析到：项目周边交通较为便利，配套较完善，周边分布有绿地景观、商业区、学校、医院、艺术活动中心等项目，资源丰富，区域位置良好，适宜结合周边城市配套与景观肌理，创造中高档、富有吸引力的生活环境，打造宜居品质社区。

(2) 空间布局分析

该项目前期在空间规划结构上，遵循了功能分区、布局紧凑的设计原则，形成“两轴汇一心”的结构布局形态：“两轴”分别为贯穿小区内部南北、东西的两条景观轴线；“一心”是指建筑与建筑之间形成的统一有序的景观节点，与两条景观轴线相互呼应，有机结合，共同构建了居住区的整体结构布局形态（图 5-1-2）。

因此，景观设计适宜顺应空间规划肌理，着重打造东西景观轴线，结合空间需求和功能要求放大形成集中活动场地和公共开放空间，同时结合地块东北角、西北角绿地、楼栋之间的绿地空间，多节点遥相呼应，与“两轴”结合形成整个绿地景观系统。

(3) 现状问题分析

根据现场调研和前期建筑规划图纸，我们能够总结出场地优势条件：

① 场地停车入库，无地面停车位，能够较好地实现人车分流。

② 区位条件优越，交通便利，场地较为平整，基础条件好，便于开发利用。

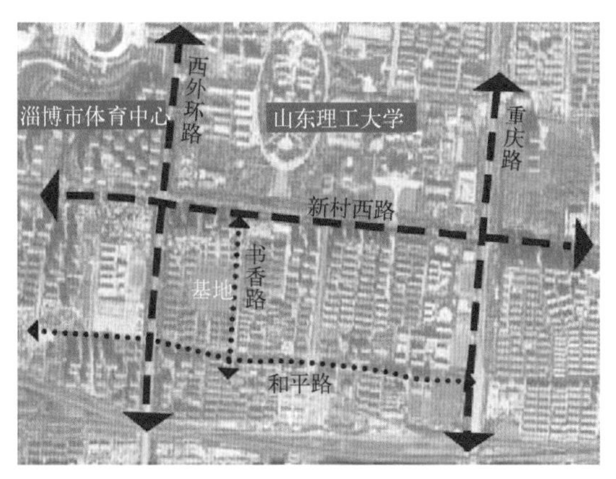

图 5-1-1　区位分析图

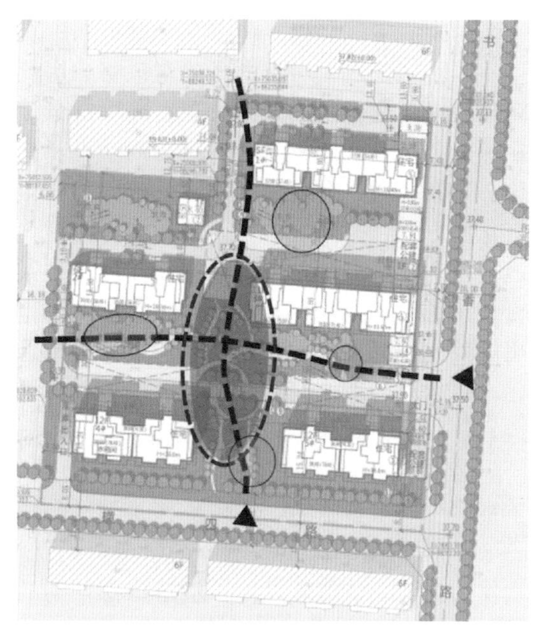

图 5-1-2　空间布局分析图

劣势条件：

① 消防登高场地占据较大场地空间，景观设计营造受到部分限制。

② 地面采光井较多且位置分散，景观设计需合理避让并进行空间处理。

③ 场地主入口正对消防登高场地，且空间局促，不易形成入口标识性景观，因此，应当着力于入口的空间处理，寻求优化的核心景观打造策略（图 5-1-3）。

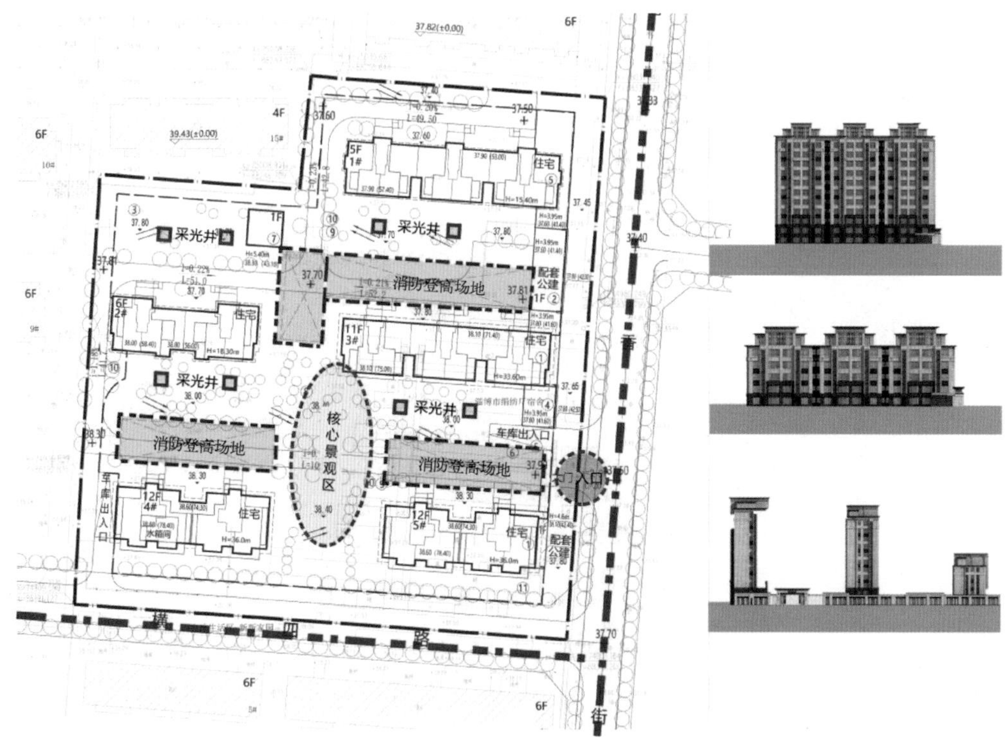

图 5-1-3　场地分析图

(4) 新中式解读

本小区建筑采用新中式建筑风格，因此环境景观应当与之相融合，保持项目的统一性与完整性，营造新中式风格景观。新中式景观作为融合中国传统文化与现代时尚元素的景观，在探寻现代景观的审美、构图布局、材料选择和文化诉求的基础上，提炼古典园林的传统文化、造景手法、景观要素，融入现代设计语言与现代艺术创造手法，通过解构重组、简化、衍化的方式，抽象出古典园林精髓，为现代空间注入凝练唯美的中国古典情韵。结合本案场地分析，设计中从以下几个方面体现新中式风格：

① 利用空间布局，形成有机整体，展现中式特色。本案例结合建筑布局，整体结构采用庭院式布局方式，以植物和建筑作为围合界面，形成多个庭院空间，同时注重空间转折变化，将运动场地、儿童活动区等满足现代居住需求的功能区有机融合到整体空间布局中，打造宜居的新中式体验。

② 借鉴框景、对景、障景等传统造园手法，结合现代景观元素，打造核心庭院，营造丰富多变的景观空间，达到步移景异、小中见大的景观效果。

③ 运用新中式元素符号，体现中式意境。将中式山水景墙、灯柱、中式纹样铺装等元素作为景观载体融入设计，塑造诗意神韵的庭院景观。

④ 遵循天人合一的自然生态理念，利用绿植造景，并选用竹子、玉兰、蜡梅、石榴、棣棠、紫薇、桂花等自然雅致、蕴含美好传统寓意的植物种类，契合自然和人性化的审美境界追求。种植方式采用自然形态与人工修剪植物配合种植，简洁明朗又具有中国韵味。

5.1.2 设计策略

根据前期调研以及项目分析与理解，确定基本的设计策略。功能布局方面遵循新中式庭院式布局方式，同时结合现状空间条件、前期规划空间布局、现代居住需求进行空间划分，可分为入口会客景观区、核心景观区、特色景观庭院、儿童活动区、运动健身区五大分区。

规划场地共五栋楼，3 号楼与 5 号楼之间为小区主入口，此处地下车库出入口占据一部分空间，同时大面积为消防登高场地，空间局促，设计中可将入口会客景观区适当西移，形成进入小区的第一个景观序列节点。2 号、3 号、4 号、5 号楼之间的中心位置，为整体空间规划设计的“一心”，空间宽敞，与各楼连接便利，适宜布置核心庭院景观。场地西侧楼间距较大，并且与核心景观区相连，可布置特色景观庭院。从入口会客景观区到核心景观区再到特色景观庭院，形成横向轴线，在人行流线上，连续通达；在空间关系上，可结合竖向变化形成各个庭院空间，虚实转折变化，增加空间层次，优化游憩体验。除此之外，根据场地条件，南部设计儿童活动区和运动健身区，北部结合消防登高场地布置羽毛球场地，都与核心景观区相连，形成纵向轴线。各建筑组团间则以楼间绿化营造居住区环境（图 5-1-4）。

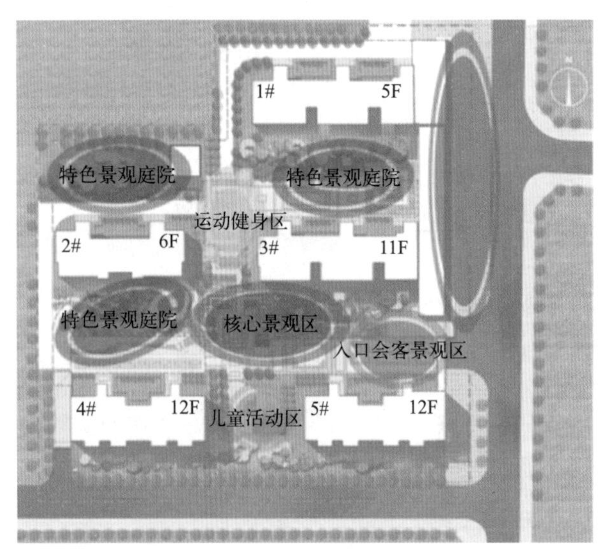

图 5-1-4 功能分区图

交通方面，场地内部由消防车道连接各处建筑组团，全部采用地下车库停车，地面不考虑行车且无停车位，最大化地保证人车分流和地面景观的完整性。人行道路连接消防车道并通达各处景观节点（图 5-1-5、图 5-1-6）。

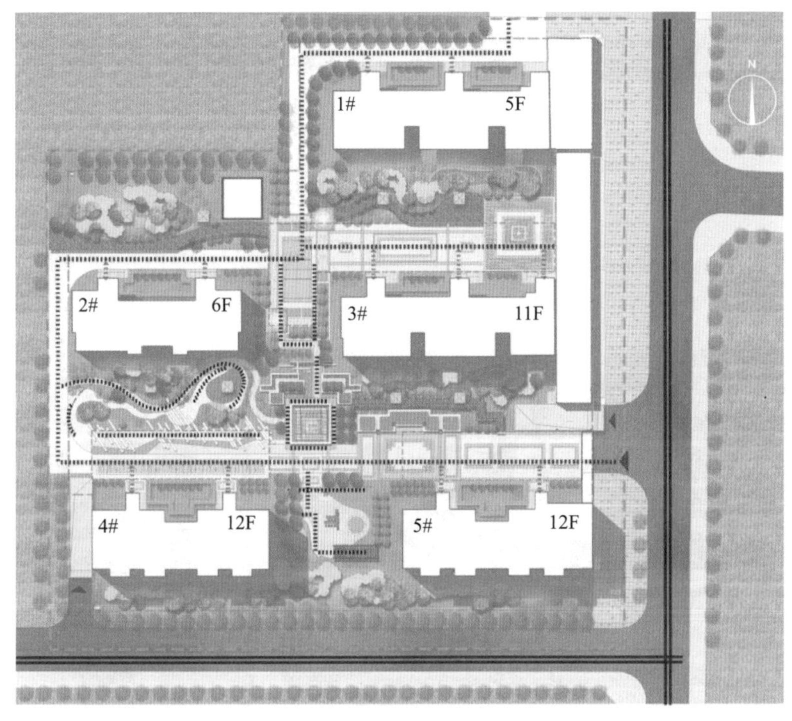

消防车道
人行流线
入户路
城市道路
小区出入口
地下车库出入口

图 5-1-5 交通分析图

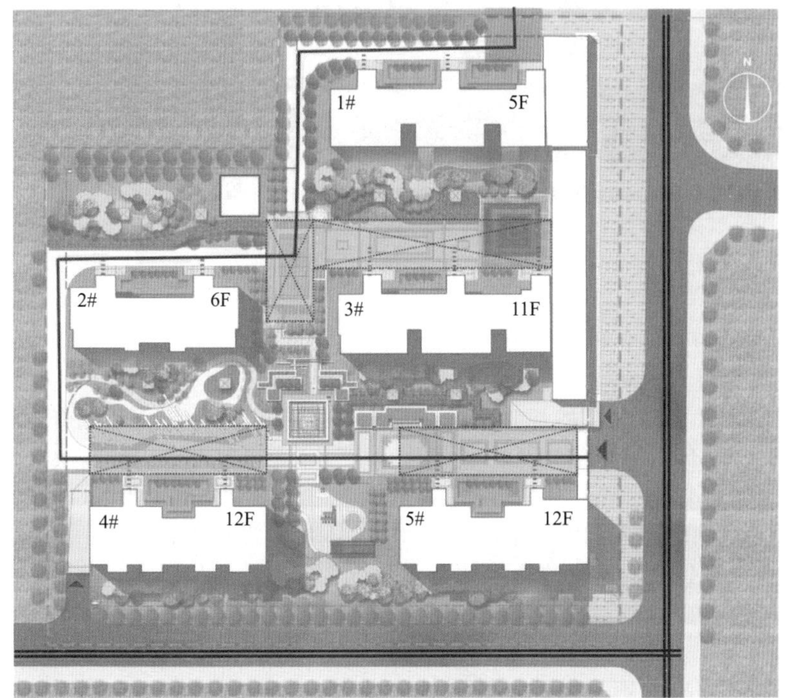

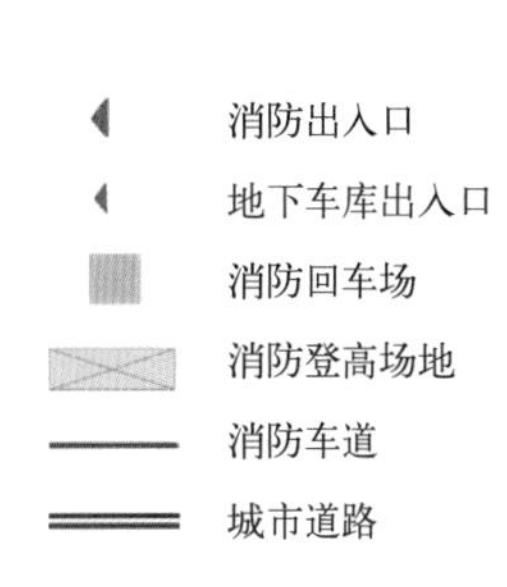

图 5-1-6 消防分析图

对于消防登高场地与消防车道的景观处理，在保证满足规范要求的前提下，利用铺装面层变化、中式铺装纹样的融入等方式进行合理的景观化设计，营造整体氛围，提升小区品质。

种植设计遵循新中式景观设计要点。在植物形式上，以自然形态与人工修剪相配合，并通过乔木、地被、草坪，或者大灌木、草坪等进行两到三层植物层次搭配。品种上选择传统园林中能寄托情感并赋予丰富、美好寓意的花木；另一方面利用植物的形态和季节变化，表达意境，从而形成明净而富有文化气息的氛围。

5.1.3 方案设计

5.1.3.1 总体设计

依据设计策略，场地用五大分区作为空间骨架，形成主次有序、虚实相间、功能明确的新中式居住区景观（图 5-1-7）。

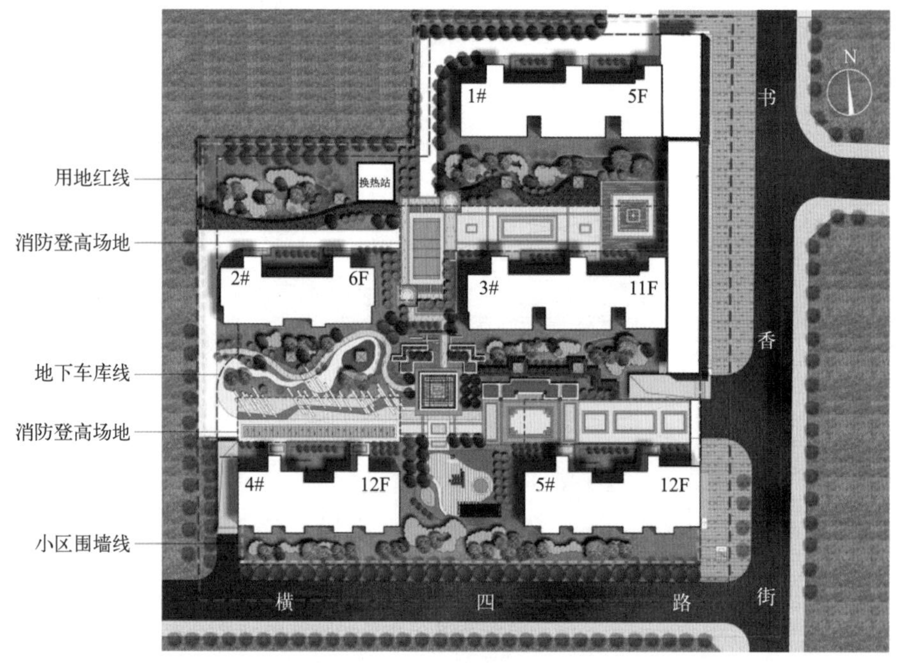

图 5-1-7 总平面图

（1）设计理念

① 以人为本，以人居需求为首要条件，创造健康舒适的居住环境。

② 自然生态和谐理念贯穿设计全程，尊重自然、绿色为本、因地制宜、高效节能。

③ 遵循“求俭、求真、求朴、求雅”的设计理念，坚持道法自然的传统文化精髓，并在设计中合理体现，寻求适合现代人理想的生活方式，体现中式审美的精华。

（2）设计主题

竹林雅韵清风爽，日月空明山水长。以“竹林·雅韵”为本案例设计主题，打造竹影清风院、和美院、禅意庭三个具有景观趣味、蕴含中式意境的诗意庭院，为居民提供清静、典雅、富含诗韵的，现代与传统结合的新中式居住区环境。

（3）功能分区与空间序列

在设计策略提出的空间划分的基础上，与设计主题相结合，划分为竹影清风院、和美院、禅意庭、稚趣园、康体园五个院落空间序列。其中，入口会客景观区是以中式景观灯和座椅围合形成的小型空间院落，名为“竹影清风院”；核心景观区以新中式凉亭结合造型松柏及镂空景墙、青铜山水雕塑共同组成，名为“和美院”；特色景观庭院结合日式枯山水精髓，以白沙铺地、造型黄杨、奇石雕塑共同组成有中式特色的禅意庭院，以更加意向化的方式体现中式山水园林意境，名为“禅意庭”；儿童活动区为稚趣园；运动健身区为康体园。五大分区在空间设计上，以人的心理和生理感受为依据；在空间流线上，发挥庭院空间层次，与周围环境相结合，打造丰富变化的庭院空间动线。

5.1.3.2 分区设计

(1) 竹影清风院（图 5-1-8、图 5-1-9）

此处为主入口进入小区后的迎客会客区，同时承载着居民归家仪式感。它作为居住区空间的开端，以对称规整的平面形态进行布局，精练简洁，在满足消防登高场地硬质化的要求前提下，体现与建筑风格相吻合的新中式场地特征。景观元素方面，采用花坛高低错落的方式，营造有序的空间形态，在有限的空间内利用中式基座灯具与中式条形座椅相结合，打造特点鲜明又具休憩功能的小型空间院落。植物配置上，选用竹类与常绿灌木相结合，并采用不同季节的季相植物，保证四季效果。

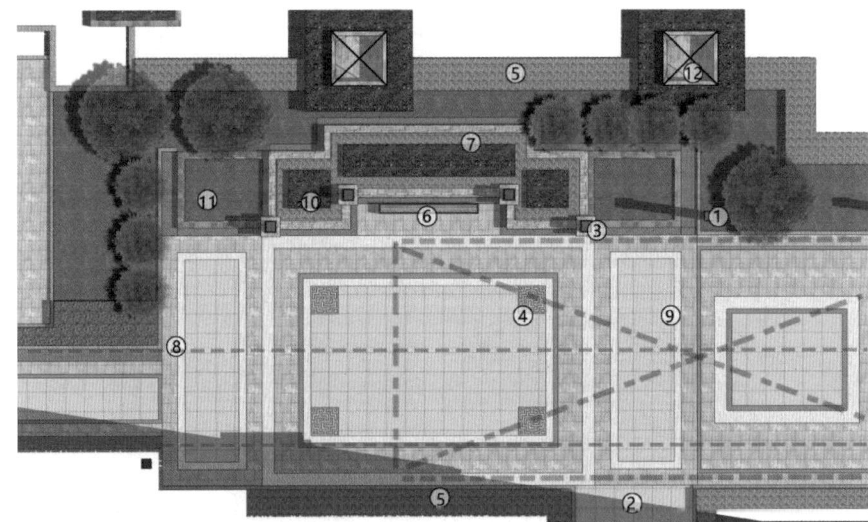

图 5-1-8　竹影清风院平面图

图 5-1-9

图 5-1-9　竹影清风院效果图

（2）和美院（图 5-1-10、图 5-1-11）

它位于场地中心，是进入小区并连接各处建筑组团的重要中心节点。设计中以一处木质中式特色凉亭展开，除了具备庇护和交流等现代人居功能外，还具有凝聚场所精神和体现社区标识的情感作用。凉亭三面透空，正对入口的一面为镂空月亮门设计，以“满月”作为和美圆满的象征，结合顶棚造型可形成框景并展现光影变幻。核心区北侧为透空景墙，与中心月亮门成空间对景，结合前置的青铜山水意向雕塑，并搭配以造型松柏和景石，形成极具中式山水意境的标志性场地景观。

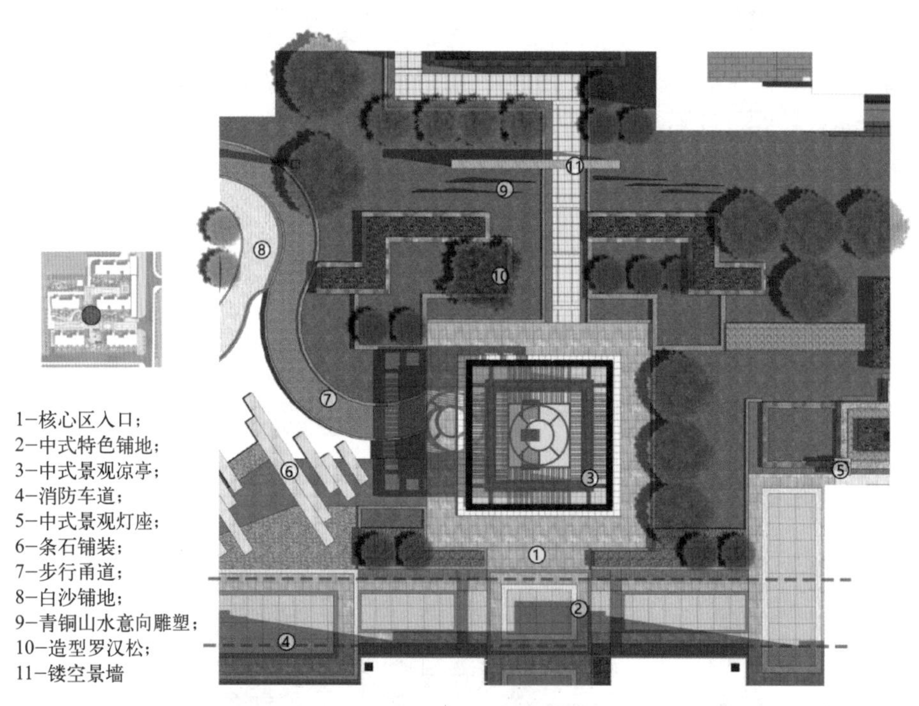

图 5-1-10　和美院平面图

（3）禅意庭院（图 5-1-12、图 5-1-13）

它是小区西部组团的重要景观节点，以白沙铺地结合造型黄杨及景石，形式上曲折回旋，融合日式枯山水精髓，形成具有中国山水意象的特色禅意庭院。节点南侧的消防登高场地与之相连，以折线变化的主要形式融入空间，穿插以平条石铺地，与白沙铺装相协调，在满足消防硬质化规范要求的同时，强化整体空间禅意意象，提高居民的场地归属感。

图 5-1-11　和美院效果图

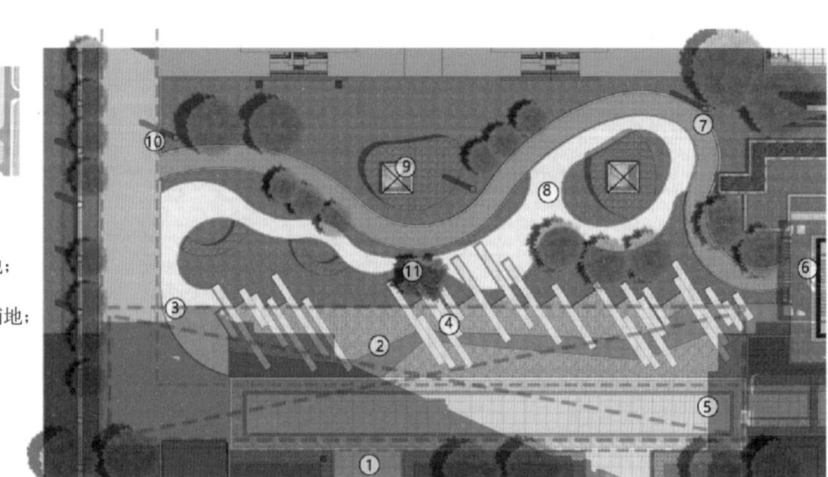

1—单元入户；
2—折线铺地；
3—消防登高场地；
4—条石铺装；
5—中式回形纹铺地；
6—核心景观区；
7—步行甬道；
8—白沙铺地；
9—采光井；
10—消防车道；
11—造型黄杨

图 5-1-12　禅意庭院平面图

图 5-1-13

图 5-1-13　禅意庭院效果图

（4）稚趣园（图 5-1-14）

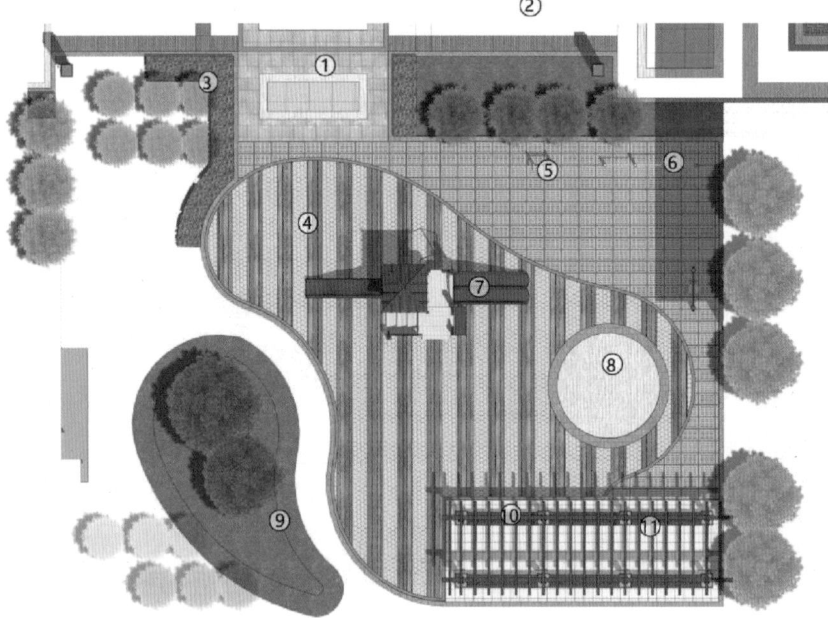

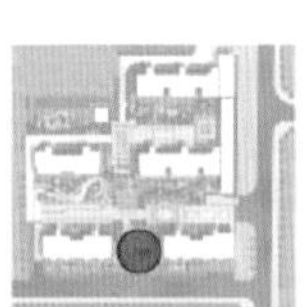

1—儿童活动区入口；
2—消防车道；
3—多层次植物；
4—橡胶地砖；
5—双杠；
6—单杠；
7—组合滑梯；
8—游戏沙坑；
9—微地形；
10—特色花架；
11—座椅

(a) 稚趣园平面图

(b) 稚趣园效果图

图 5-1-14　稚趣园

稚趣园位于小区南部建筑组团间，僻静开阔，与核心景观区仅一路之隔，设计有儿童活动和健身设施。儿童活动场地以橡胶地砖为铺装材料，保证儿童活动的安全性，同时设置有滑梯、跷跷板、沙坑等常见设施，在场地一侧设置木质花架形成廊下空间，方便家长看护和交流。场地东北角设置部分常见的健身设施，满足中青年和老年人的健身活动需求。植物结合微地形设置，考虑提供遮阴的乔木和各色灌木搭配，形成错落有致的绿化空间。

(5) 康体园（图 5-1-15）

图 5-1-15　康体园效果图

康体园位于核心景观区北侧，主要包括一个羽毛球场地和高低错落的花坛种植小庭院。由于此处规划要求为消防登高场地，顺势打造为羽毛球场地，既满足消防对于场地硬质化的要求，同时解决了小区运动场地空间不足的问题。球场两侧的小块铺地设计为五福捧寿传统纹样，进一步体现中式场所风格。

5.1.3.3　专项设计

专项设计主要包括种植设计、铺装设计、构筑物与景观小品设计、照明设计等内容。根据项目定位、方案主题，制定不同专项设计策略。

(1) 种植设计

种植设计根据主题策略，对不同空间的植物进行设计搭配。

入口周边及核心景观区的竹影清风院、和美院作为重要空间节点，布置具有中式意境的自然观赏树种，如五角枫、竹、罗汉松、桂花、石榴、迎春等，采取乔木、灌木结合的精细配置，充分考虑透视景观线，突出营造三层种植的植物配置。

禅意庭利用造型黄杨、红枫等点景植物与景石、白沙相结合，强调静、雅，表达自然山水意境。

楼间绿地主要种植大面积地被植物，点缀花灌木、小乔木，在控制造价的同时突出樱花、桂花、碧桃、紫薇等观花植物，力求营造“以花为邻、以花为趣”的人性化大庭院空间，强调东方简约园林景观的神韵。

对整体植物树种科学选择、合理搭配，营造春天鲜花烂漫，夏天浓荫满地，秋天丹桂飘香、层林尽染，冬天绿意盎然、寒梅傲雪，体现“春花、夏荫、秋实、冬青”的四季景观，体现“四季常绿、四季有花”的住宅区园林绿化理念（图 5-1-16）。

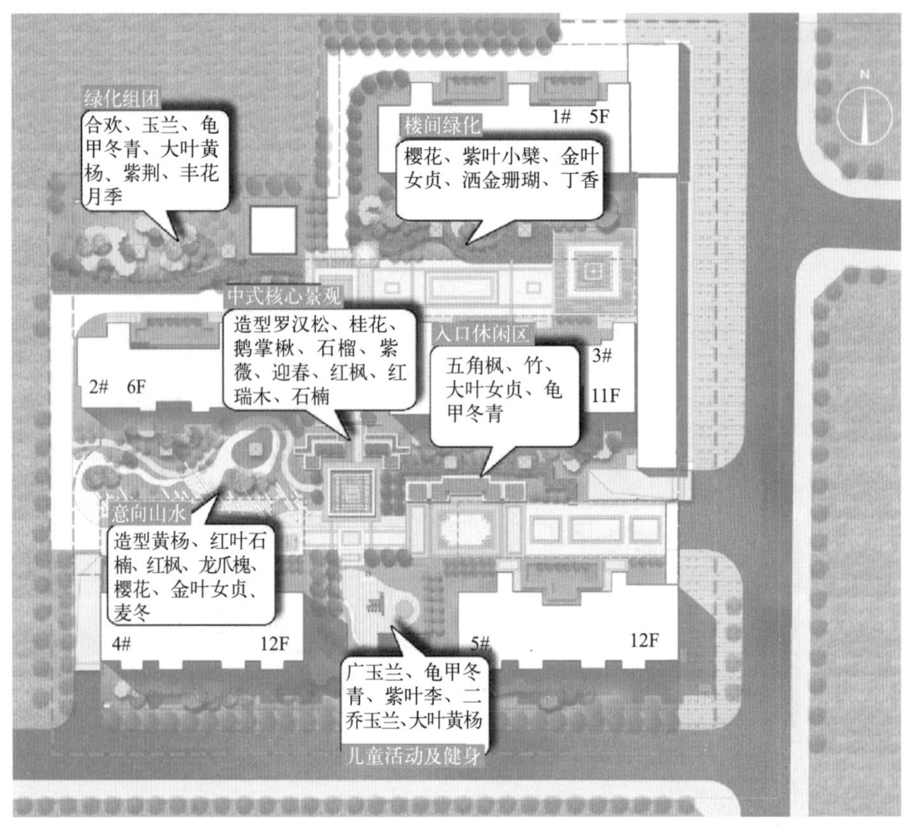

图 5-1-16 种植分析图

(2) 铺装设计

铺装设计一方面要与其他设计要素配合，营造宁静雅致的新中式空间氛围，另一方面要满足大面积消防车道与登高场地的功能需求。可选择花岗岩、青砖、板岩、毛石、青石、水洗石、鹅卵石等多种材质。消防登高场地选用 6cm 以上厚度的花岗岩以满足消防车通行要求。各空间节点选用多种材质相互搭配，通过席纹、人字纹、间方、席纹间方、人字纹间方、斗纹等铺装方式进行纹样造型，着力体现朴拙、素简的空间意境（图 5-1-17）。

图 5-1-17 铺装示意图

（3）构筑物与景观小品设计

各空间节点构筑物的造型设计与空间环境相协调，着力体现各个院落主题；色彩以长城灰、玉脂白以及体现自然的原木色为主。竹影清风院利用景墙、花坛、座椅、灯柱等构筑要素与竹子形成院落空间，构筑部分镂空形成鱼纹与福字图案。和美院的景观亭为整个空间的视觉焦点，材料选用原木色的塑木，性价比更高又不失韵味；造型方面，平顶镂空的月亮门造型体现了现代与古典的融合，营造纯洁、吉祥的景观氛围；对景处的玉脂白景墙与青铜山水构筑物，造型简洁利落，采用传统符号以抽象简化的手法体现中国传统文化意蕴。禅意庭散落灰青色自然置石，与白沙、条石共同烘托气氛。儿童活动区的景观廊架以木质为主，协调统一，强调遮阳的功能。

围墙采用砖砌实体墙设计，体现中国传统建筑中高墙深院的尊贵气息。墙面采用浅黄色真石漆和褐色真石漆相结合的方式，与建筑风格相吻合，同时采用与建筑装饰纹样相同的花窗壁挂。

庭院灯、草坪灯材质为木材和铝合金相结合，颜色以黑褐色与木色为主，造型结合中式传统纹样，营造生活感和仪式感。

所有的构筑物与景观小品设计风格紧扣新中式景观的整体风格，营造出统一的氛围，既符合现代人的审美和需求，同时被赋予传统文化的意蕴（图 5-1-18）。

图 5-1-18　景观小品示意图

（4）照明设计

方案阶段的照明设计，涉及主要灯具选型以及位置分布，从标准规范和实际需求出发合理布置。灯具位置分布讲求层次分明，根据照明需求进行安全照明和重点照明。安全照明首要考虑居住区的安全，确保主要路径、人行道等区域有足够的亮度。本案例消防车道较宽，采用双侧间隔 15m 布置高杆庭院灯引导交通，利于住户在夜晚活动时不受阻碍。各个院落空间进行重点照明，采用新中式简洁造型景观灯柱、庭院灯、草坪灯多层次营造空间氛围。灯具选择方面，利用节能 LED 灯头，结合智能照明控制系统，根据不同时间段和需求调整灯光的亮度和时间，减少能源浪费。

5.2 施工图案例

本案例由于场地规模较小，直接由方案设计阶段进入施工图设计阶段。鉴于篇幅原因，本案例施工图设计部分选择将总图、分图和详图的一部分内容用于案例展示与说明，水电施工图和结构施工图在实际工作中由水电和结构专业与景观专业人员相配合完成，在此省略。

5.2.1 施工图总图

总图在方案平面图的基础上进行整理细化，对各个分界尺寸进行模数化处理，使所有的平面要素尺寸在符合方案要求以及合理的前提下尽量规整为整数，方便后期施工。同时，标识清楚所有的方案平面要素信息，用地红线、地库边界线、消防车道等均在总图上表现出来。

① 索引总平面图——将方案的五个分区索引到分区图进行详细绘制（图 5-2-1）。

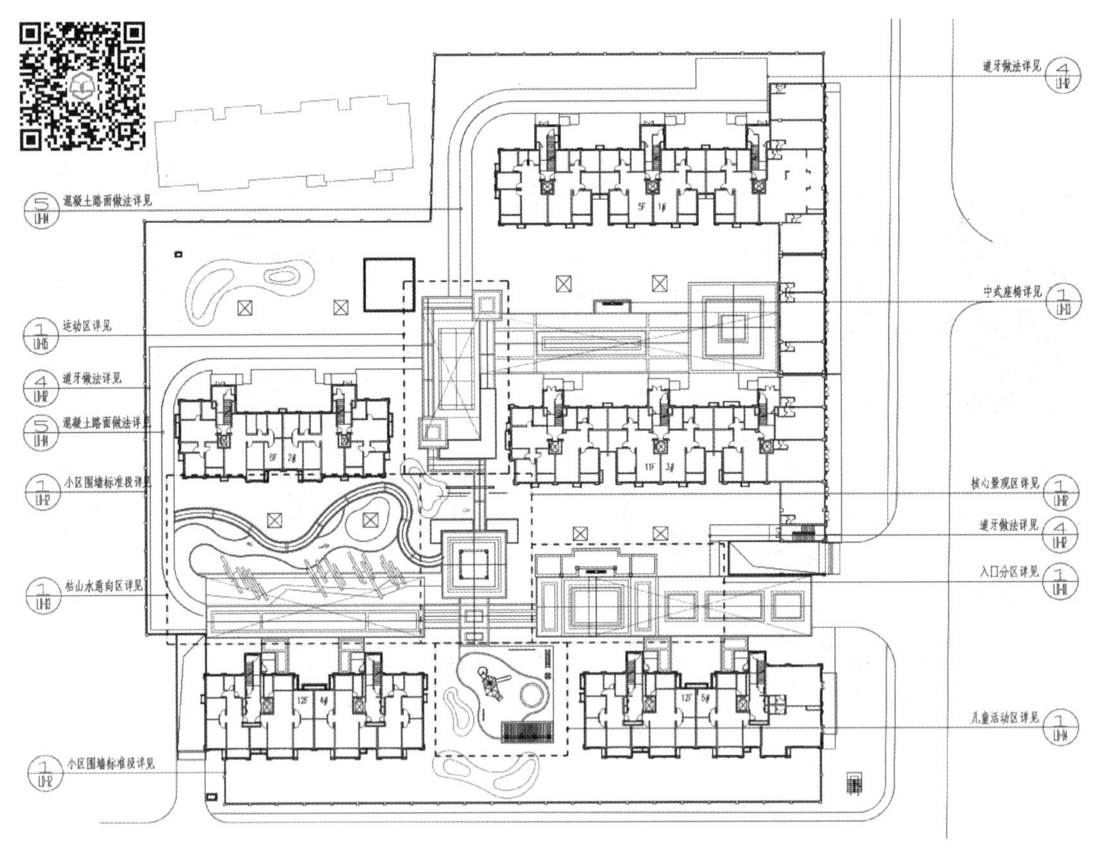

图 5-2-1 索引总平面图

② 铺装总平面图——详细标注材质、尺寸、类型、厚度、颜色、面层处理方法、铺装方式等细节（图 5-2-2）。

③ 定位总平面图——选用坐标点和尺寸标注相结合的方式进行定位（图 5-2-3）。

④ 竖向总平面图——顺应原始地形，满足场地排水和景观微地形变化，计算竖向高程，用绝对标高的方式详细标注（图 5-2-4）。

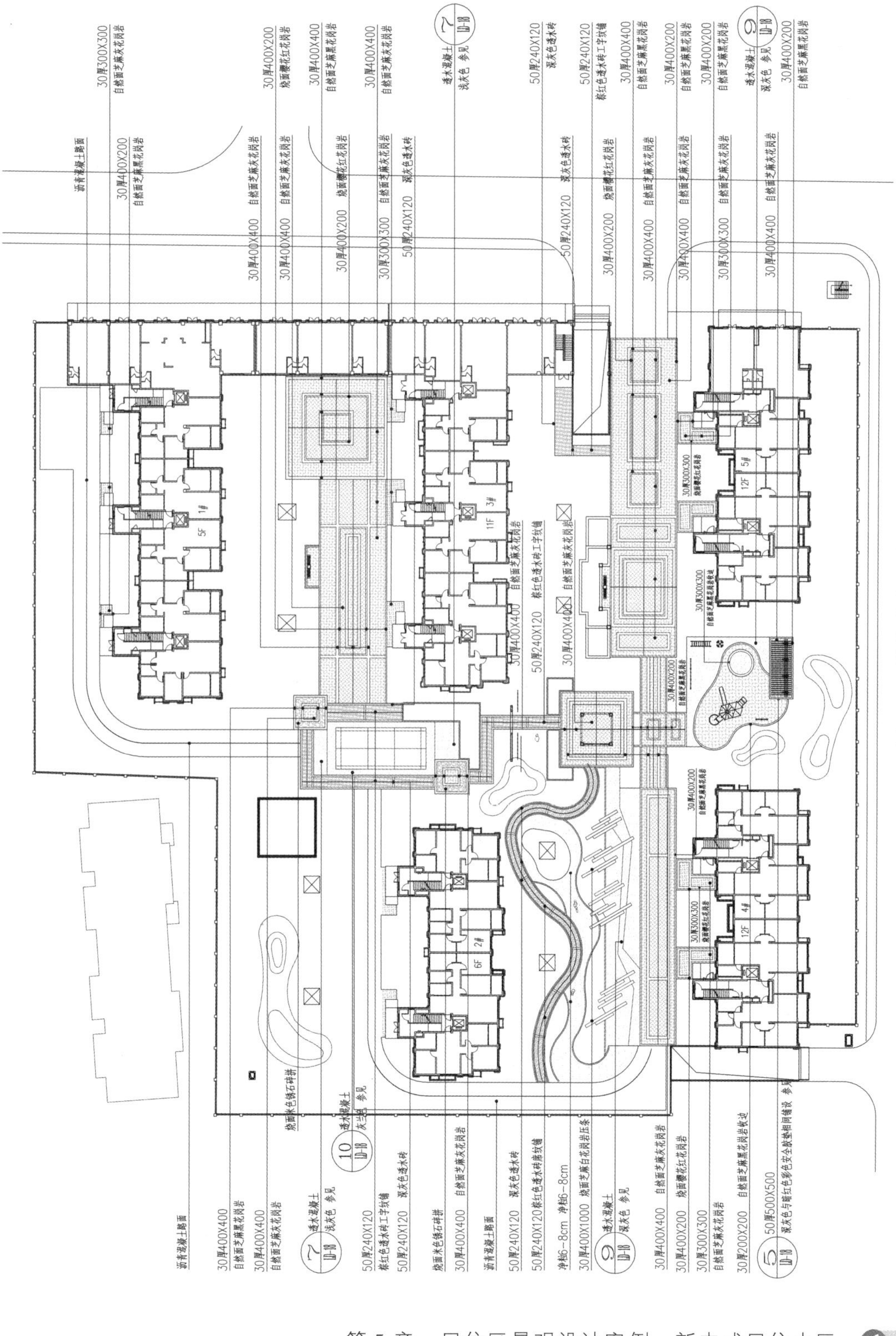

图5-2-2　铺装总平面图

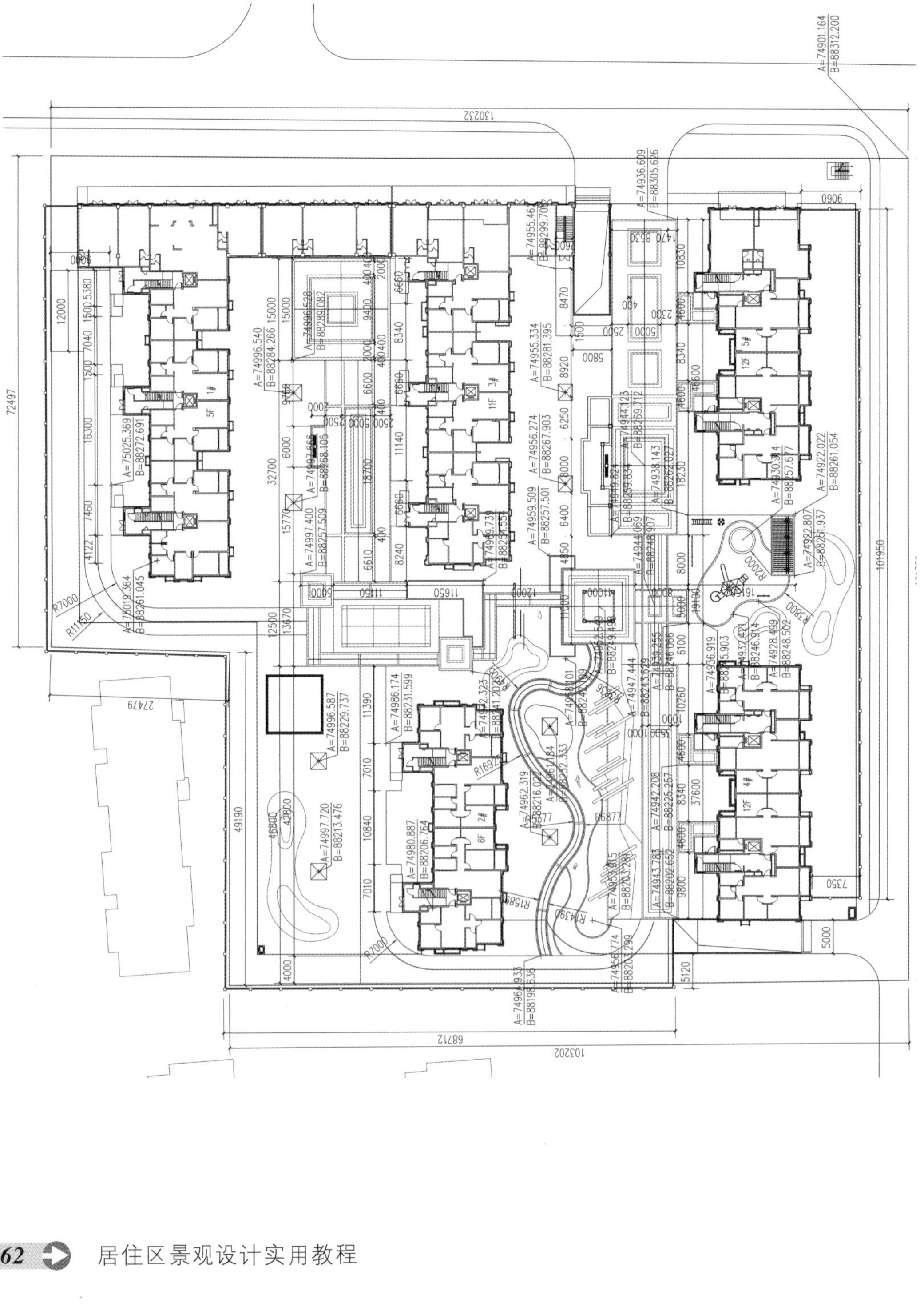

图5-2-3　定位总平面图

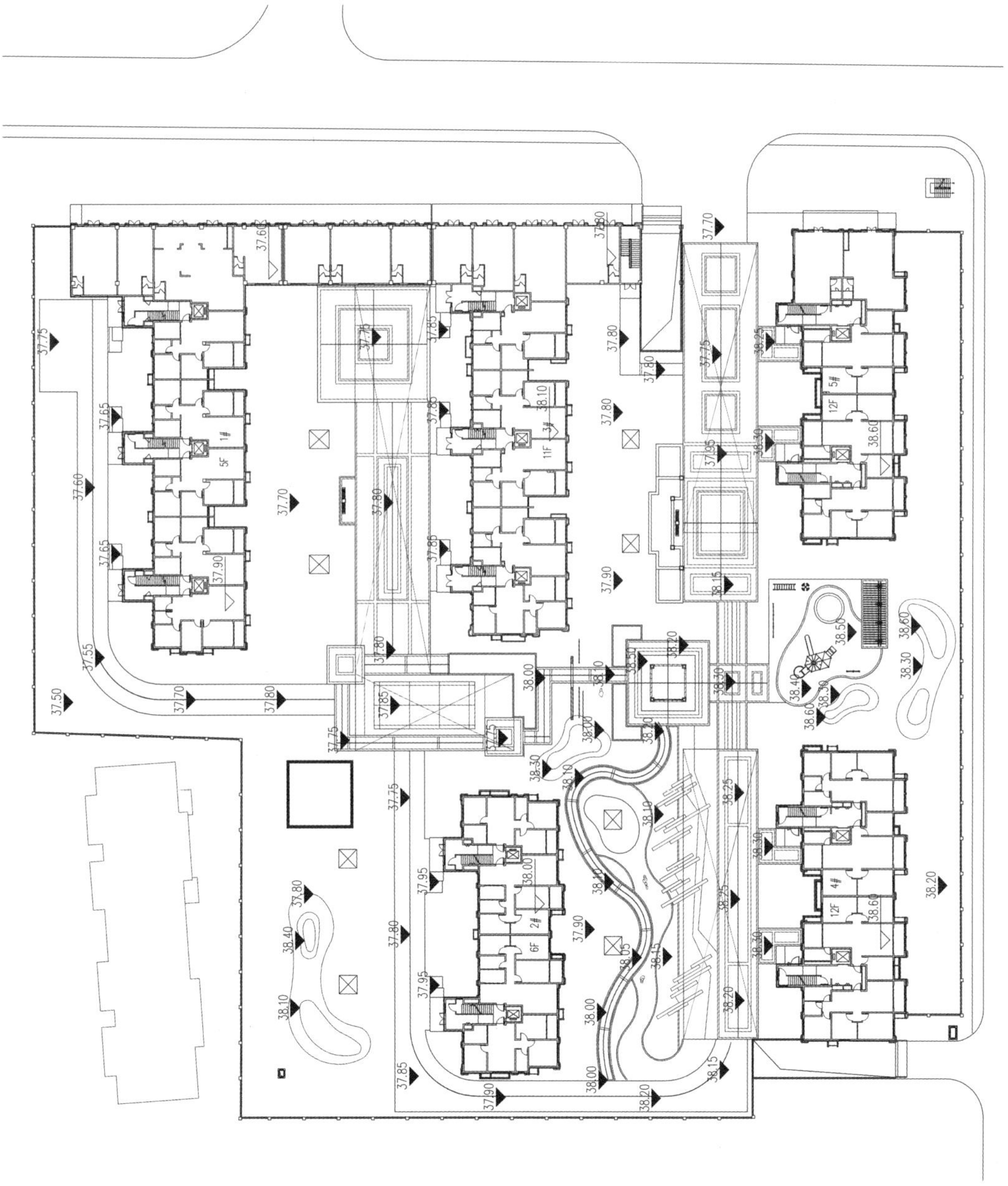

图5-2-4　竖向总平面图

5.2.2 植物配置图

① 散植灌木及乔木配置图——详细标注灌木球以及各类乔木的种类、位置、数量，定位采用方格网的方式（图 5-2-5）。

② 片植灌木及地被配置图——详细标注片植灌木的平面边界造型、种类、面积，定位采用方格网的方式（图 5-2-6）。

5.2.3 分区图

由于总图只能标注清楚大的结构尺寸，所以将方案的五个分区放大比例并在分区图中标注细节尺寸定位以及详图索引，而铺装、竖向等内容已经在总图里进行标注，分区图中就不再标注了。例如图 5-2-7 所示的核心景观区平面图。

5.2.4 详图

详图部分要绘制场地中设计的所有景观小品与构筑物，如景观灯、廊架、景墙、座椅等内容，这些内容可以在景观小品布置的总图中进行索引，也可以在分区图中进行索引。

例如，中式座椅详图包括座椅的平面、立面、剖面图，详细标注尺寸、材料饰面、做法等内容（图 5-2-8）。

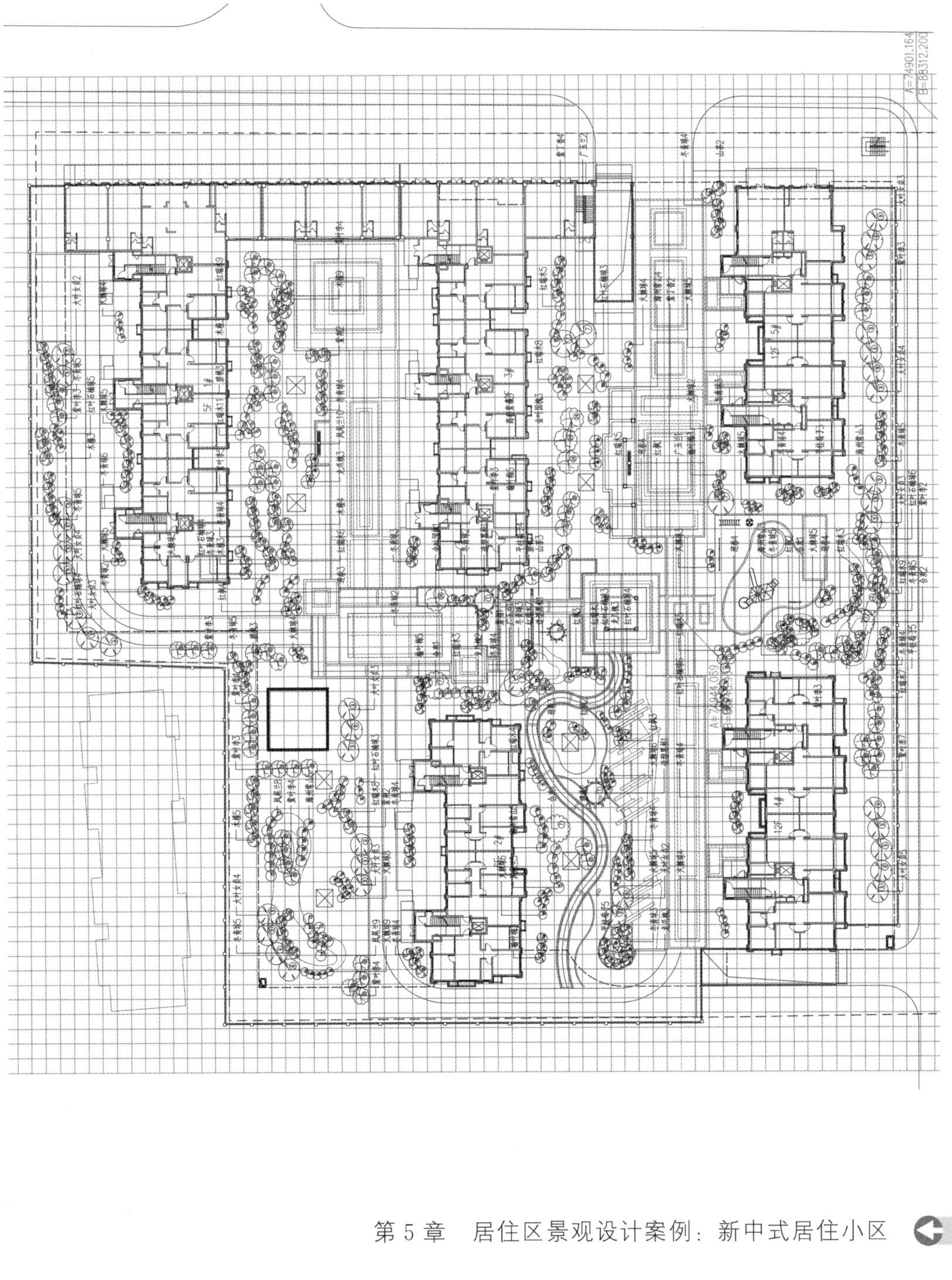

图5-2-5 散植灌木及乔木配置图

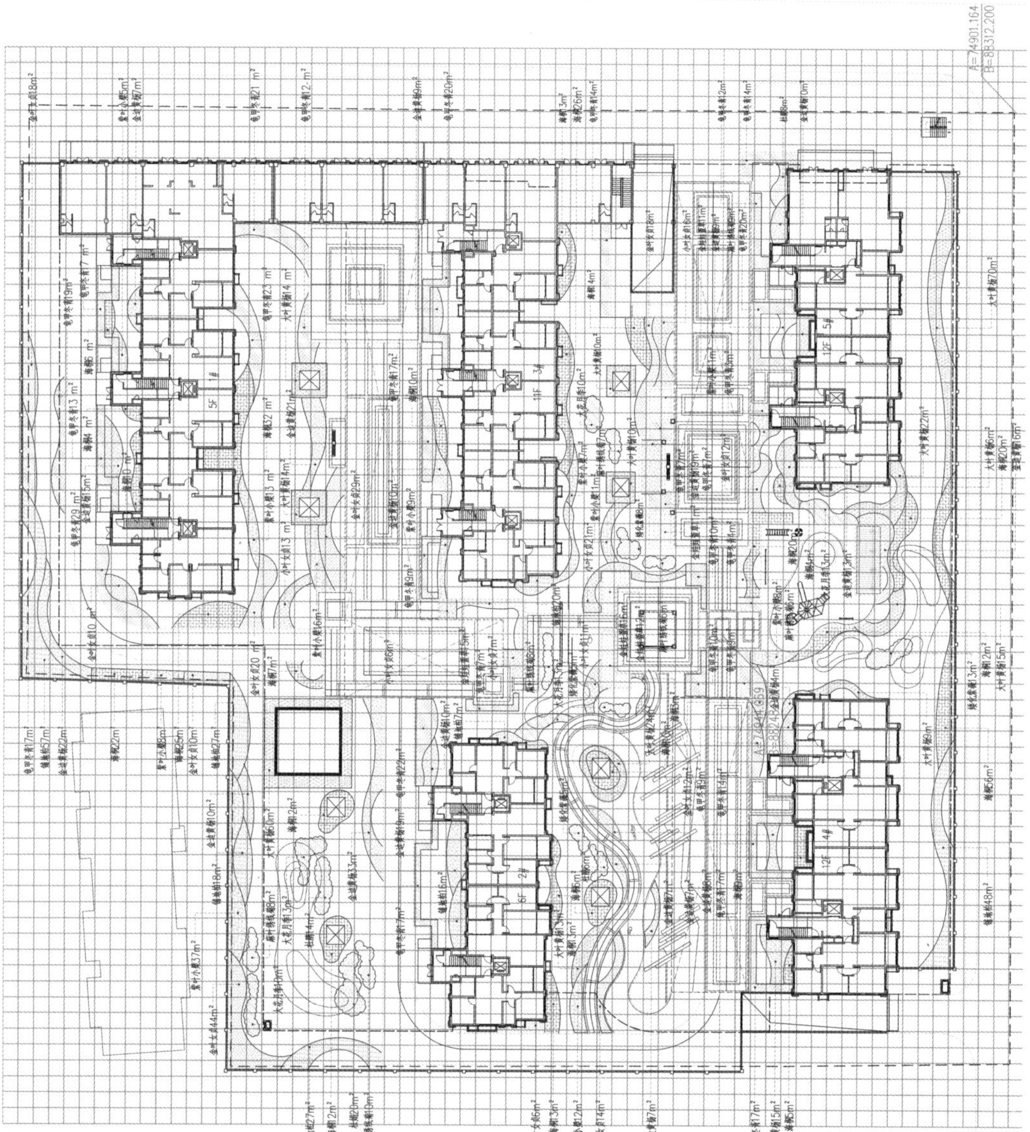

图5-2-6　片植灌木及地被配置图

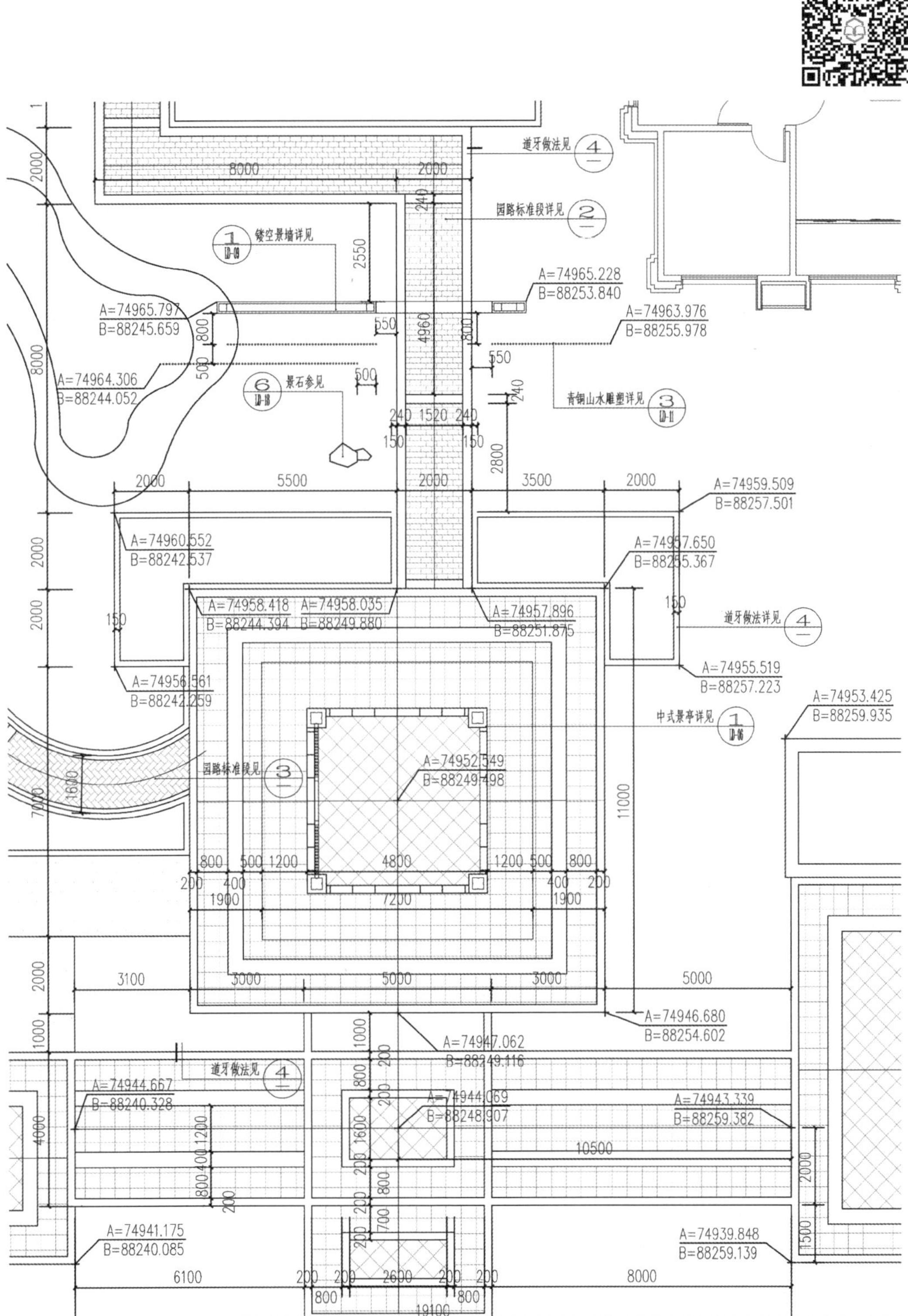

图5-2-7　核心景观区平面图

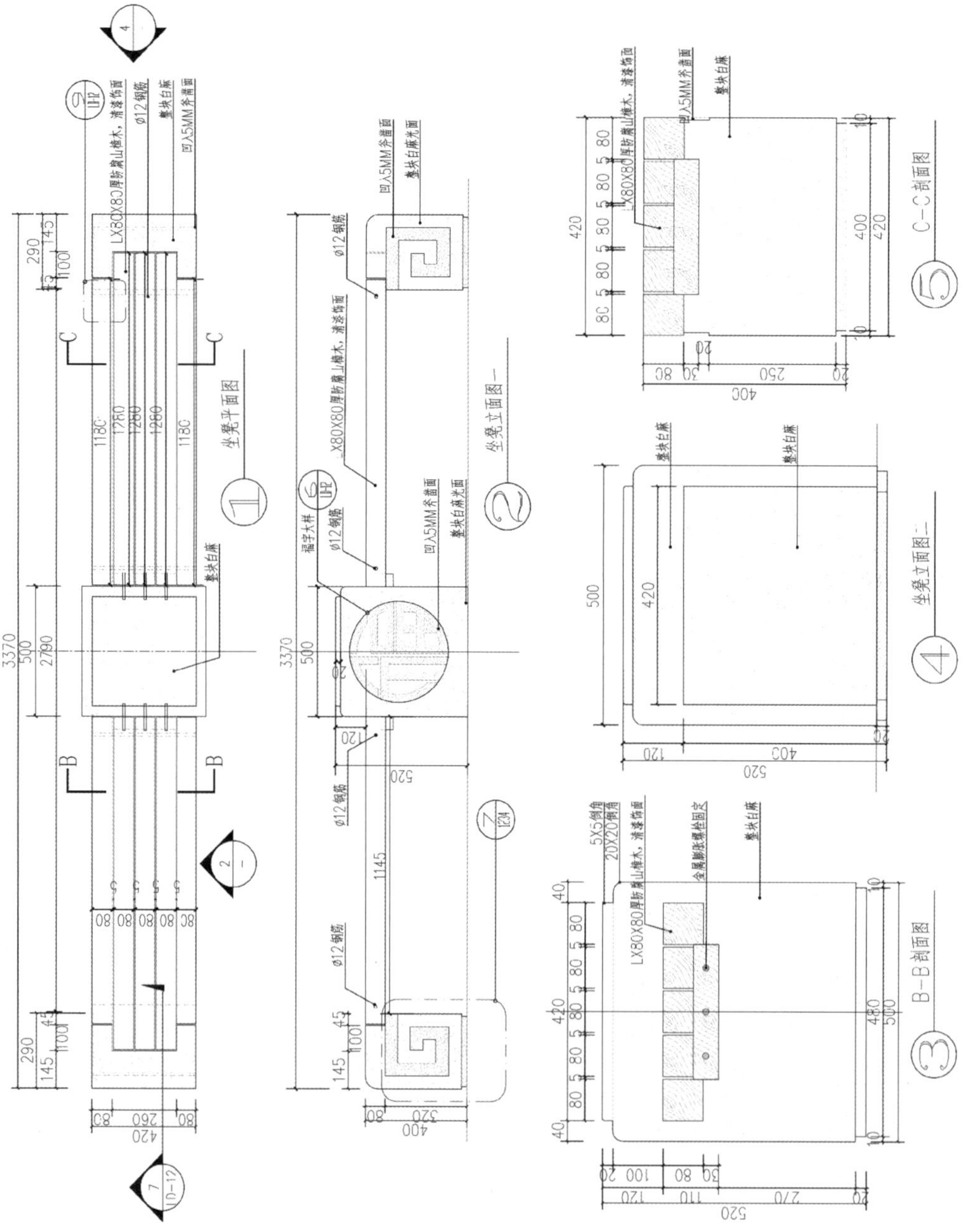
坐凳平面图
坐凳立面图一
坐凳立面图二
B-B剖面图
C-C剖面图
LX80X80厚防腐山樟木，清漆饰面
ø12钢筋
整块白麻
凹入5MM斧凿面
整块白麻光面
福字木样
金属膨胀螺栓固定
20X20倒角
5X5倒角
3370
2790
500
420
400
520

图5-2-8　中式座椅详图

附录 《居住区景观设计实用教程》课程思政教学设计

题目	教学目标	教学内容	学时分配	思政元素	思政载体	教学方式	育人成效
第1章 居住区景观设计概述	1. 从规划角度出发了解居住区概念、分级、分类与用地组成等相关内容； 2. 了解居住区环境景观的分类、构成与发展，梳理当前居住区景观设计的各类风格与设计原则； 3. 了解相关法规标准，为后续学习打下基本理论基础； 4. 培养社会责任感与使命感	1. 居住区基础概念； 2. 居住环境分类与构成要素； 3. 居住区景观设计的发展与趋势； 4. 居住区景观设计原则与风格； 5. 相关法规	4	文化自信、文化传承、文化互鉴、科学精神、规范意识、人文情怀、审美情趣、社会责任感	1. 视频、图片分享： 古今中外优秀居住区景观设计案例赏析； 2. 经典阅读： 相关法规标准、图纸分析	导入式教学、多媒体教学、互动讨论	1. 帮助学生建立起对居住区景观设计的整体认识，引导学生理解自己的使命和责任； 2. 引导学生领会居住区景观的发展，既是文化沉淀，也是文化创新； 3. 激励学生不仅要坚定文化自信、文明传承，也要积极进行文化交流互鉴，更要永葆科学精神、创新精神； 4. 培养学生合理设计、科学建造、诚实守信、爱岗敬业的工匠精神和家国情怀，以正确的人生观和价值观为社会主义建设贡献力量
第2章 居住区景观功能空间设计	1. 分析居住人群心理需求、活动需求以及特殊人群需求； 2. 了解居住区景观功能空间的分类、布局方法和设计要点； 3. 学习环境友好与智能化技术，把握新材料、新技术、新工艺发展趋势，与时俱进； 4. 树立严谨科学态度，尊重人与自然的关系	1. 居住人群需求分析； 2. 居住区功能布局分类； 3. 出入口布局方法与设计要点； 4. 景观轴线布局方法与设计要点； 5. 儿童活动空间布局方法与设计要点； 6. 老年人活动空间布局方法与设计要点； 7. 社区运动空间布局方法与设计要点； 8. 组团宅间绿地花园布局方法与设计要点； 9. 单元入户布局方法与设计要点； 10. 宠物乐园布局方法与设计要点； 11. 环境友好设计策略； 12. 智能化技术	12	辩证思维、职业素养、环保意识、生态建设、人文情怀、科学精神、创新精神、爱国情怀、国际视野	视频、图片分享： 居住区景观设计优秀案例赏析；新技术、新材料、新工艺演示视频分享	导入式教学、多媒体教学、案例教学、互动讨论	1. 帮助学生直观地理解功能空间设计的重要性，并掌握相关设计技巧，理论与实践相结合，培养设计思维、职业素养和创新精神； 2. 关注学生的情感体验和人文情怀，通过讨论和反思，让学生认识到设计不仅仅是技术的运用，更是对人文关怀的体现； 3. 引入我国居住区景观设计优秀案例，展示我国技术成就及贡献，培养工匠精神和爱国情怀，树立民族自豪感； 4. 引入先进技术工艺案例，聚焦前沿发展动态及趋势，培养国际视野、科技创新精神，树立职业使命感

续表

题目	教学目标	教学内容	学时分配	思政元素	思政载体	教学方式	育人成效
第3章 居住区景观要素设计	1. 了解居住区景观要素的分类； 2. 掌握居住区景观物质要素和限制性条件要素的特点、作用和基本设计运用方法； 3. 培养专业设计能力，鼓励个性化表达； 4. 树立严谨科学态度，尊重人与自然的关系	1. 居住区景观要素分类； 2. 地下停车库要素设计； 3. 地面停车位要素设计； 4. 消防通道及登高场地要素设计； 5. 地形与排水要素设计； 6. 水景要素设计； 7. 道路与铺砖要素设计； 8. 植物要素设计； 9. 景观小品要素设计	14	辩证思维、职业素养、工匠精神、创新精神、人文关怀、节能减排、生态文明、国际视野、科学精神	1. 视频分享： 居住区景观设计优秀案例赏析； 2. 经典阅读： 居住区景观设计相关书籍、图纸分析； 3. 多媒体辅助： 三维模型、动画生成，多角度、全过程演示	导入式教学、多媒体教学、案例教学、互动讨论	1. 引导学生掌握景观要素的设计要点，培养设计思维、审美能力、职业素养和创新精神； 2. 倡导“节能减排”“生态文明”“科技创新”“科技强国”，激励学生坚持生态文明建设、持续改善人居环境，树立环保意识和人文关怀设计理念； 3. 引入国内外优秀景观要素设计案例，展示新时代先进的技术成就及精益求精的工匠精神，开阔视野、丰富技能，培养工匠精神、科技创新精神，树立职业使命感
第4章 居住区景观设计程序及方法	1. 了解整套设计流程方法； 2. 综合运用理论知识进行居住区景观方案设计； 3. 熟练进行多种形式的图纸表达； 4. 熟练识读施工图纸，明确领会设计意图； 5. 提升专业技能和职业素养	1. 场地分析流程与方法； 2. 方案设计流程与要点； 3. 细部设计步骤与内容； 4. 施工图设计步骤与图纸体系	10	科学精神、工匠精神、专业技能、职业素养、实战能力、民族自豪感、职业自豪感	图片、视频、动画分享展示；设计实践	导入式教学、多媒体教学、案例教学、互动讨论、翻转课堂、实践指导	1. 通过讲解设计思维的逻辑框架和设计过程的步骤要点，帮助学生建立科学的设计思维和方法论体系； 2. 培养学生自主学习、独立思考、方案分析和解决问题的能力，提升专业技能和职业素养； 3. 引入建筑学、规划学、生态学等相关学科的知识和理论，拓宽学生视野和知识面
第5章 居住区景观设计案例：新中式居住小区	1. 深入了解居住区景观设计的基本过程、掌握设计的基本方法； 2. 提升专业技能和职业素养	设计案例梳理、展示与分析	8	设计思维、职业素养、实战能力、创新精神	优秀学生作品分享展示	案例教学、互动讨论、翻转课堂、实践指导	1. 培养学生持续学习、不断探索、勇于创新的精神； 2. 训练学生综合运用理论知识和技术手段的能力，通过融合、协调和构思，提出解决问题的合理方案，培养设计思维、实战能力及职业素养

参 考 文 献

[1] 汪辉，吕康芝．居住区景观规划设计 [M]. 南京：江苏科学技术出版社，2014.
[2] 徐进．居住区景观设计 [M]. 武汉：武汉理工大学出版社，2013.
[3] 叶徐夫，刘金燕，施淑彬．居住区景观设计全流程 [M]. 北京：中国林业出版社，2012.
[4] 王健．城市居住区环境整体设计研究——规划·景观·建筑 [D]. 北京：北京林业大学，2009.
[5] 刘滨谊．现代景观规划设计 [M]. 南京：东南大学出版社，2017.
[6] 刘丽雅，刘露，李林浩，等．居住区景观设计 [M]. 重庆：重庆大学出版社，2017.
[7] 刘玉荣，周鸣鸣，王安．城市居住小区景观设计 [M]. 北京：化学工业出版社，2011.
[8] 金涛，杨永胜．居住区环境景观设计与营建 [M]. 北京：中国城市出版社，2003.
[9] 吕圣东，谭平安，滕路玮．图解设计：风景园林快速设计手册 [M]. 武汉：华中科技大学出版社，2017.
[10] 格兰特·W·里德．园林景观设计 从概念到形式（原著第 2 版）[M]. 郑淮兵，译．北京：中国建筑工业出版社，2010.
[11] 费卫东．居住区景观规划设计的发展演变 [J]. 华中建筑，2010，28（08）：28-32.
[12] 扬·盖尔．交往与空间 [M]. 何人可，译．北京：中国建筑工业出版社，2002.
[13] 中国建筑标准设计研究院．环境景观——室外工程细部构造 [M]. 北京：中国计划出版社，2015.
[14] 建设部住宅产业化促进中心．居住区环境景观设计导则（2006 版）[M]. 北京：中国建筑工业出版社，2006.